中等职业教育课程创新精品系列教材

维修电工技能

主　编　陈海江　王淑芹　代留军
副主编　郝吉亮　贾春燕　张艳兵
参　编　王传娟　刘桂森　刘宝泉
　　　　于保国　王荟颖　邱君林
主　审　胥元利

北京理工大学出版社
BEIJING INSTITUTE OF TECHNOLOGY PRESS

内 容 简 介

本书是按照照明电路与电动机控制电路技能知识的递进由简单到复杂编写而成。全书分为四个模块，十一个任务。每个模块均由模块描述、学习目标、技术规范、技能标准、知识单元和技能训练组成。技能训练包含：任务描述、收集信息、任务实施方案、任务实施、评价总结、知识拓展等6个环节。教材的编写着重体现了学习目标任务化、课程内容模块化、学习过程行动化、评价反馈过程化等特点。

本书适合作为中等职业院校电子技术应用专业的教材，也可作为相关行业的岗位培训教材及有关人员的自学用书。

版权专有　侵权必究

图书在版编目(CIP)数据

维修电工技能／陈海江，王淑芹，代留军主编. -- 北京：北京理工大学出版社，2023.4

ISBN 978-7-5763-2364-1

Ⅰ. ①维… Ⅱ. ①陈… ②王… ③代… Ⅲ. ①电工-维修-中等专业学校-教材 Ⅳ. ①TM07

中国国家版本馆 CIP 数据核字(2023)第 080554 号

出版发行 ／ 北京理工大学出版社有限责任公司
社　　址 ／ 北京市海淀区中关村南大街 5 号
邮　　编 ／ 100081
电　　话 ／ (010)68914775(总编室)
　　　　　　(010)82562903(教材售后服务热线)
　　　　　　(010)68944723(其他图书服务热线)
网　　址 ／ http://www.bitpress.com.cn
经　　销 ／ 全国各地新华书店
印　　刷 ／ 定州市新华印刷有限公司
开　　本 ／ 889 毫米×1194 毫米　1/16
印　　张 ／ 8.5　　　　　　　　　　　　　　责任编辑 ／ 张鑫星
字　　数 ／ 174 千字　　　　　　　　　　　　文案编辑 ／ 张鑫星
版　　次 ／ 2023 年 4 月第 1 版　2023 年 4 月第 1 次印刷　　责任校对 ／ 周瑞红
定　　价 ／ 28.00 元　　　　　　　　　　　　责任印制 ／ 边心超

图书出现印装质量问题，请拨打售后服务热线，本社负责调换

前言

中等职业教育的目标是培养适合企业用人要求的高素质劳动者和技术技能人才,因此,专业设置要与产业需求对接,课程内容要与职业标准对接,教学过程要与生产过程对接,其中教材建设是最关键的一环。

电子技术应用专业根据企业工作标准编写适用的模块化教材;运用专用设备进行技能教学和技能训练;通过过程考核评价学生学习情况,考核要求参照企业及技能等级证书要求;同时提供学生自主学习的在线教学资源。为了满足以上要求,我们按照"课程体系模块化,学习任务逻辑化,课岗对接无缝化"理念,将"电工技术基础与技能""电子技术基础与技能""电机与电气控制""电工电子仪器测量""电子CAD""单片机技术及应用""PLC控制技术""电子装配与调试"等8门核心课程整合,重构为PCB设计、电子装配与调试、维修电工、钳工、单片机编程与安装调试、PLC编程与安装调试等6个教学模块,并配套开发模块化教材、教案、课件、微课等教学资源,真正实现学生培养与企业要求的"无缝对接"。

"维修电工技能"模块化校本教材是按照照明电路与电动机控制电路技能知识的递进由简单到复杂编写而成。全书分为四个模块,十一个任务。每个模块均由模块描述、学习目标、技术规范、技能标准、知识单元和技能训练组成。技能训练包含:任务描述、收集信息、任务实施方案、任务实施、评价总结、知识拓展等6个环节。教材的编写着重体现以下特色:

1. 学习目标任务化。

学习目标即工作任务,既适应企业需求,又充分考虑学校的实习实训实际,还能充分体现职业能力培养的综合要求。

2. 课程内容模块化。

课程内容的模块化体现在,每个学习任务的内容都是相对独立的模块,既有技能操作,也有知识学习;每个学习任务的内容虽然相互独立但又具有内在的联系,由简到繁,逐级递进,体现了维修电工知识的综合性。

3. 学习过程行动化。

任务式的学习引领学生的行动。每一个学习任务都要学生完成从"任务描述、收集信息、任务实施方案、任务实施、评价总结、知识拓展"这一完整的工作过程。只有亲身经历解决问题的全过程，才能够锻炼学生的综合职业能力。

4. 评价反馈过程化。

任务实施的每一步均需要学生分析任务完成或未完成的原因，学习过程中的评价可帮助学生获得总结、反思及自我反馈的能力。

"维修电工技能"建议学时为120学时，在实施教学过程中采用理实一体化教学。各部分学时分配如下：

序号		内容		理实一体化学时
模块一 安全用电与低压电器	任务一	安全用电		4
	任务二	照明灯具和常用低压电器		4
模块二 照明电路与电动机单向运行控制	任务一	两地控制照明电路		12
	任务二	电动机单向运行控制		12
	任务三	电动机多地运行控制		12
模块三 电动机正反转与顺序控制	任务一	接触器联锁正反转控制电路		15
	任务二	接触器、按钮双重联锁正反转控制电路		10
	任务三	电动机顺序控制电路		10
模块四 三相异步电动机自动往返与Y-△降压启动控制	任务一	电动机自动往返控制电器		15
	任务二	电动机手动控制Y-△降压启动控制电路		10
	任务三	电动机时间继电器控制Y-△降压启动控制电路		10
		机 动		6
		合 计		120

由于编者水平有限，书中不妥在所难免，为进一步提高本书的质量，欢迎广大读者提出宝贵的意见和建议，反馈邮箱 zjzxwsq@163.com。

编 者

目录

模块一　安全用电与低压电器 ·· 1
　任务一　安全用电 ··· 27
　任务二　照明灯具和常用低压电器 ·· 34

模块二　照明电路与电动机单向运行控制 ·· 43
　任务一　两地控制照明电路 ··· 59
　任务二　电动机单向运行控制 ·· 65
　任务三　电动机多地运行控制 ·· 72

模块三　电动机正反转与顺序控制 ··· 78
　任务一　接触器联锁正反转控制电路 ·· 90
　任务二　接触器、按钮双重联锁正反转控制电路 ·· 94
　任务三　电动机顺序控制电路 ·· 99

模块四　三相异步电动机自动往返与Y-△降压启动控制 ···························· 105
　任务一　电动机自动往返控制电路 ·· 116
　任务二　电动机手动控制Y-△降压启动控制电路 ·· 120
　任务三　电动机时间继电器控制Y-△降压启动控制电路 ································ 125

参考文献 ··· 130

模块一

安全用电与低压电器

 模块描述   万丈高楼平地起，一砖一瓦是根基。

遵守电工操作的各项规章制度、技术操作要求和制定触电紧急状况应急措施是保障安全用电的前提，掌握各类低压电器的结构与工作原理是设计电力拖动电路的基础。

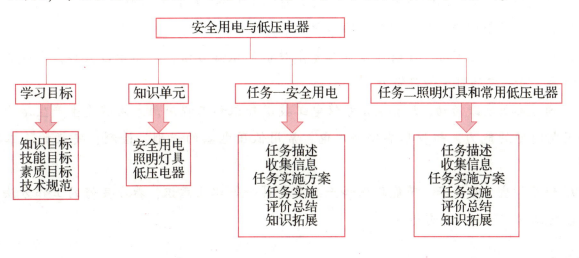

 学习目标

知识目标

1. 了解电工操作各项规章制度与技术操作要求。
2. 掌握人体安全电压和安全电流的范围。
3. 了解触电类型，明确触电原因，做好触电防护措施，学会进行保护接地和保护接零，会进行现场应急处理。
4. 了解常用照明灯具白炽灯、双控开关等的结构与工作原理。
5. 掌握低压开关、转换开关、行程开关、按钮的结构与工作原理。
6. 掌握熔断器的结构与作用。
7. 掌握低压断路器的结构、作用、工作原理。
8. 掌握交流接触器、热继电器、时间继电器的结构、工作原理与检测。

技能目标

1. 根据安全用电常识与预防触电的保护措施，学会进行触电现场急救。

2. 掌握照明灯具的种类、结构、工作原理，学会选用与检测照明灯具并应用于照明电路中。

3. 通过学习低压电器的结构与工作原理，学会选用与检测低压电器：空气断路器、熔断器、交流接触器、热继电器、时间继电器、按钮、行程开关。

4. 能够将低压电器应用于电动机控制电路中。

素质目标

1. 通过搜集安全用电常识，常用低压电器的作用、特点、应用场合等资料，培养学生查找资料、文献等信息的能力。

2. 通过实训室技能实践培养学生良好的操作规范，养成安全操作的职业素养。

3. 通过合作探究，培养良好的人际交流能力、分工协作的团队合作精神。

4. 让学生了解国内外生产状况，培养学生社会责任感。

5. 结合生产生活实际，了解维修电工基本技能的认知方法，培养学习兴趣，形成正确的学习方法，有一定的自主学习能力。

6. 通过参加实践活动，培养运用维修电工技术知识和工程应用方法解决生产生活中相关安全用电问题的能力，初步具备安全用电，常用低压电器的识别、检测、安装的基本职业能力。

7. 培养学生安全生产、节能环保和产品质量第一等职业意识，养成良好的工作方法、严谨细致的工作作风和职业道德。

技术规范

1. 遵守电气设备安全操作规范和文明生产要求，安全用电、防火，防止出现人身、设备事故。

2. 正确穿着佩戴个人防护用品，包括工作服、电工绝缘鞋、安全帽、各类绝缘手套等。

3. 正确使用电工工具与设备，工具摆放整齐。

4. 根据安全用电常识与常用低压电器的性能、特点、参数，按电气工艺要求进行规范操作，防止出现触电事故及电气元器件损坏。

5. 考核过程中应保持设备及工作台的清洁，保证工作场地整洁，严格按照实训室6S标准规范操作。

模块一 安全用电与低压电器 3

技能标准[1]

序号	作业内容	操作标准
1	安全防护	（1）正确穿着佩戴个人防护用品，包括工作服、工作鞋、工作帽等
		（2）正确选择常用的电工工具与仪器仪表
2	安全用电	（1）了解安全用电规章制度与技术操作要求，提高安全意识
		（2）掌握安全电压与安全电流的数值，确保用电安全
		（3）能够对电气设备进行保护接地与保护接零
		（4）能够预防触电并能进行触电现场急救
3	低压电器	（1）能够正确选用、检测照明灯具
		（2）掌握交流接触器的结构与工作原理，会对交流接触器进行检测与安装
		（3）掌握热继电器的结构与工作原理，会对热继电器进行检测与安装
		（4）掌握时间继电器的工作原理，会正确选用时间继电器并进行安装

知识单元

安全用电与低压电器   千计万计，安全教育第一计。

一、安全用电

1. 电工实训室安全用电操作规程

（1）实验实训前要做好必要的准备工作，仔细阅读实验实训任务指导说明书，否则不得进行实验实训。

（2）学生进入实训室后，要服从实训教师安排，自觉进入指定的工作岗位，不得私自调换工位，未经同意不得擅自动用设备、工具和器材。

（3）工作前必须检查工具、测量仪器、仪表和防护用品是否完好。

（4）室内的任何电气设备未经验电，一律视为有电，不准用手触及；任何接线、拆线都必须在切断电源后进行。

（5）带电工作，要在有经验的实训教师或电工监护下，并用绝缘垫、云母板、绝缘板等将带电体隔开后，方可带电工作。带电工作必须穿好防护用品，使用有绝缘柄的工具工作，严禁使用锉刀、钢尺等导电工具。

---

[1] 引用《电工安全技术操作规程》部分标准。

(6) 动力配电箱的闸刀开关严禁带负荷拉开。

(7) 电气设备金属外壳必须妥善接地（或接零），接地体电阻必须符合标准，所有电气设备都不准断开外壳接地线或接零线。

(8) 电气设备发生火灾，未切断电源时严禁用水灭火。

(9) 电器或线路拆除后，可能带电的线头必须及时用绝缘带包扎好。

(10) 高空作业，要系好安全带；使用梯子时，梯子与地面角度以 60°为宜，在水泥地面上使用梯子要有防滑措施。

(11) 使用电动工具要戴绝缘手套，站在绝缘物上工作。

(12) 电机、电器检修完工后，要仔细检查是否有错误和遗忘的地方，必须清点工具零件，以防遗漏在设备内造成事故。

(13) 动力配电盘、配电箱、开关、变压器的各种电气设备周围不准堆放各种易燃、易爆、潮湿或其他影响操作的物品。

(14) 准确及时填写实训报告，做好相关记录。

(15) 若发生事故，要认真分析与查清原因，明确责任，落实防范措施，填好事故报告单，并及时上报指导老师与相关部门。

(16) 实训完毕后，清点工具并摆放整齐，打扫好实训室卫生后才能离开。

> 想一想：你认为在实训室安全用电中哪些操作规程最重要，为什么？

2. 文明操作安全要求

(1) 缺少电气操作知识和技能的人员，不得从事电气操作。

(2) 严谨细致，具有高度的责任感；爱护工具、仪器仪表、设备器材。

(3) 工作场地保持清洁、整齐，保持符合电气操作的安全环境，工具摆放符合要求。

(4) 工作时要穿长袖衣服，戴绝缘手套，使用绝缘工具，站在绝缘板上作业，对相邻带电体和接地金属体应用绝缘板隔开。

(5) 电工工具、仪器仪表和器材选择要符合操作要求。

(6) 有团队合作精神，在从事相关作业时配合默契、互相支持。

(7) 操作结束后认真清点工具器材，严防工具、器材遗留在设备内和电线杆塔上。

(8) 定期检查电工工具和防护用品的绝缘功能，对不合要求者必须更换。

(9) 在需要切断故障区域电源时，应认真策划，尽量只切断故障区域分路，力求缩小停电范围。

模块一　安全用电与低压电器

　　日常观察：在日常生活或生产中碰见过哪些不规范的操作：

3. 操作技术安全要求

（1）严禁在运行中检修电气设备，操作前必须切断电源。检测设备和线路，确定无电方可开展工作。

（2）必须带电操作时，要经过批准，并由专人监护和切实的保护措施。

（3）发生电气火灾时，首先切断电源，用二氧化碳灭火器或干粉灭火器扑灭电气火灾，严禁使用水或泡沫灭火器。

（4）停电操作时应悬挂安全警示牌，严格遵守停电操作规定，切实做好突然来电的防护措施。停电时在分断电源开关后，必须用试电笔检验开关的输出端，确认无电后方可操作。

（5）分断电源时，应该先分断负荷开关，再分断隔离开关；接通电源时，先闭合隔离开关，再闭合负荷开关。

（6）不能用湿手接触、湿布擦拭带电电器。

（7）电气设备上及附近不得放置杂物。

（8）不得行走和停留在高压电杆、铁塔和有避雷器的区域。万一高压线路断落在身边或已经在避雷器下面遇到雷电时，应单脚或双脚并拢跳离危险区域。

　　设身处地：你会按照操作技术安全要求进行操作吗？为什么？

4. 电气设备安装维修安全要求

（1）电气设备的金属外壳必须可靠接地或接零。严禁切断电气设备的保护接地线或保护接零线。在单相电气设备中应使用接地或接零的三脚插头和三孔插座，但要注意不得将金属外壳的保护接地或接零线与工作接地线并在一起插入插座。同理，在三相电路中要选用四脚插头和四孔插座。

（2）切除电气设备后，对还需要继续供电的线路，必须处理好线头的绝缘。

（3）熔断器的容量必须与它所保护的电气设备最大容量相适应，不得随意增大或减小。

（4）从插座上取电时，用电器的最大电流不得大于插座的允许电流。

（5）所有的用电器开关和熔断器必须安装在相线上。

（6）对照明器具必须保持不小于如下安全距离：拉线开关 1.8 m，壁开关 1.3 m；居民生活用灯头 1.8 m，办公桌、商店柜台上方吊灯头 1.5 m；特别潮湿、危险环境、户外灯及生产车间的吊灯 2.5 m。

> 入微观察：你见过哪些电气设备或装置的安装不符合安全要求？

5. 家庭用电的相关安全要求

（1）使用单相电器时，力求选用三脚插头和配套的三孔插座。其中上方的专用插孔应妥善接地或接零。

（2）使用电热器具必须有人监护，人员离开时应切断电源。对工作温度高的电器，附近不得存放易燃易爆物品。

（3）不得用手移动工作中的电器，必须移动时，应先关闭电源、拔下插头。

（4）长时间不用的电器，应拔下电源插头。

（5）电器出现异常温度、响声、气味时，应立即切断电源。

> 安全从我做起：生活中点滴安全事项

6. 安全电压与电流

电压越高对人体的危害越大，什么样的电压才是安全的呢？安全电压是指较长时间接触而不会使人致死或致残的电压。

国家标准《安全电压》（GB 3850—2015）规定我国安全电压额定值常用等级为 42 V、36 V、24 V、12 V 和 6 V 五个等级。工程上应根据作业场所、操作条件、使用方式、供电方式、线路状况等因素恰当使用。

人体接触的电压越高，通过人体的电流越大，只要超过 0.1 A 就能造成触电死亡。人体对电流的反应：8~10 mA 手摆脱电极已感到困难，有剧痛感（手指关节）；20~25 mA 手迅速麻痹，不能自动摆脱电极，呼吸困难；50~80 mA 呼吸困难，心房开始震颤；90~100 mA 呼吸麻痹，3 s 后心脏开始麻痹，停止跳动。规定直流安全电流为 50 mA，交流安全电流为 10 mA。

频率的高低：一般说来工频 50~60 Hz 对人体是最危险的。人体的电阻：人触电时与人体的电阻有关。人体的电阻一般在 800 Ω 以上，主要是皮肤角质层电阻大。当皮肤出汗、潮湿和有灰尘（金属灰尘、炭质灰尘）时，就会使皮肤电阻大大降低。

特别提示：日常生活用电电压是 220 V，工业生产动力用电的电压是 380 V，这样的电都是非常危险的，用电时要特别注意安全。

想过吗？在你的认知中，对于电量的单位伏特（V）、安培（A）、毫安（mA）等量的大小认知是什么？

7. 人体触电类型

人体触电是指人体某些部位接触带电物体，人体与带电体或与大地之间形成电流通路，并有电流流经人体的过程。根据人体接触带电体的具体情况，可分为三种触电类型，分别称为单相触电、两相触电、跨步电压触电。

1）单相触电

指人站在地面上，身体的某一部位触及一相带电体，电流通过人体流入大地的触电方式。它的危险程度与电压的高低、电网的中性点是否接地、每相对地电容量的大小有关，是较常见的一种触电事故，如图1-1所示。

2）两相触电

指人体两个不同部位同时触碰到同一电源的两相带电体，电流经人体从一相流入另一相的触电方式，如图1-2所示。

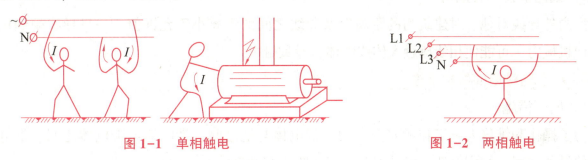

图1-1 单相触电　　　　　　　图1-2 两相触电

3）跨步电压触电

指人进入发生接地的高电压散流场所时，因两脚所处的电位不同产生电位差，使电流从一脚流经人体后，从另一脚流出的触电方式，如图1-3所示。

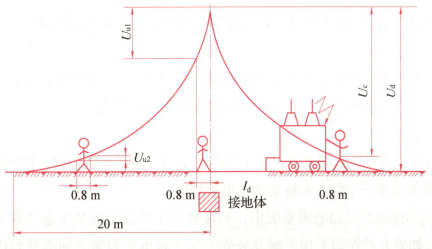

图1-3 跨步电压触电

8. 人体触电常见原因

在电气操作和日常用电中，因为场所、条件的不同，发生触电的原因多种多样。根据生产和生活中发生触电的原因可归纳为四种类型。

1）电气操作制度不严格、不健全或不遵守规章制度

（1）检修电路和电器时使用不合格的工具，没有切实的安保措施；

（2）停电检修时在电源分断处不挂"有人操作，禁止合闸"之类的警告牌；

（3）救护他人触电时，自己不采取切实的保护措施。

2）用电设备不合要求

电器内部绝缘损坏，金属外壳又没有采用保护接地或保护接零措施。人体经常接触的电器如开关、灯具、移动式电器外壳破损，失去保护作用。

3）用电不谨慎

（1）违反电气安全规程，随意拉接电线；

（2）随意加大熔断器熔丝规格或用其他金属丝代替原配套熔丝；

（3）未切断电源就移动电器；

（4）做清洁时用湿毛巾擦拭，甚至用水冲洗电器和线路等。

4）线路敷设不合规格

室内外导线对地、对建筑物的距离以及导线之间的距离小于允许值，一旦导线受到风吹或其他机械力，可能使相线碰触人体或墙体，导致触电。

9. 预防触电的保护措施

1）间距措施

为了操作和维修人员工作的安全方便，带电体与地之间、带电体与带电体之间、带电体与其他设备之间，均应保持一定的安全距离，叫作间距措施。

2）绝缘措施

用绝缘材料将电器或线路的带电部分保护起来的做法叫作绝缘措施。

3）屏护措施

用屏护装置将带电体与外界隔离，以杜绝隐患发生的措施称为屏护措施。

4）断电措施

在电气设备的控制电路上设置如漏电保护、过流保护、短路或过载保护、欠压保护等装置，设备或线路异常时装置会动作，自动切断电路而起保护作用。

5）接地措施

以保护人身安全为目的，把电气设备不带电的金属外壳接地，叫作保护接地。

（1）保护接地应用于中性点不接地的配电系统中。

（2）中性点不接地的三相电源系统中，当接到这个系统上的某个电气设备因绝缘损坏而使外壳带电时，如果人站在地上用手触及外壳，由于输电线与地之间有分布电容存在，将有

电流通过人体及分布电容回到电源，使人触电。

（3）人体电阻要小于 4 Ω。

有保护接地的电动机和没有保护接地的电动机漏电情况如图 1-4 和图 1-5 所示。

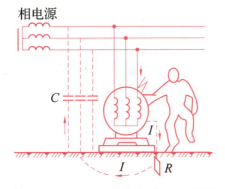 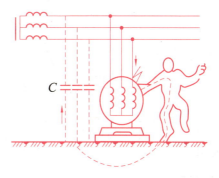

图 1-4　有保护接地的电动机漏电情况　　　图 1-5　没有保护接地的电动机漏电情况

6）保护接零措施

保护接零适用于 380 V/220 V 的三相四线制中性点接地的供用电系统，它与保护接地的区别是，电气设备的金属外壳不直接接地，而是与供用电系统（即三相四线制系统）的中性线相接，如图 1-6 所示。当电气设备绝缘损坏，金属外壳带电时，由于保护接零的导线电阻很小，相当于对中性线短路，这种很大的短路电流将使线路的保护装置迅速动作切断电路，既保护了人身安全又保护了设备安全。

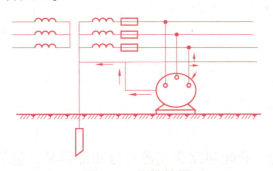

图 1-6　保护接零

10. 触电的现场处理

发现有人触电，最关键、最首要的措施是使触电者尽快脱离电源。触电现场的处理方法如表 1-1 所示。

表 1-1　触电现场的处理方法

触电现场的处理方法	图解	操作方法
拉闸 立即切断电源		迅速拉开闸刀或拔去电源插头

触电现场的处理方法	图解	操作方法
拉离 让触电者脱离电源	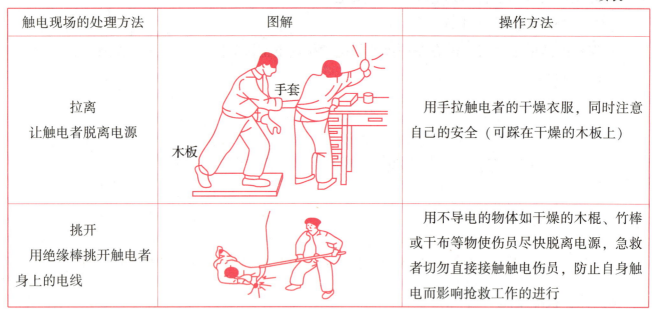	用手拉触电者的干燥衣服，同时注意自己的安全（可踩在干燥的木板上）
挑开 用绝缘棒挑开触电者身上的电线		用不导电的物体如干燥的木棍、竹棒或干布等物使伤员尽快脱离电源，急救者切勿直接接触触电伤员，防止自身触电而影响抢救工作的进行

> 你发生过触电情况或见过触电情况吗？触电的原因你现在知道了吗？触电类型是哪一种？谈谈自己对触电现象的感受。

二、照明灯具

1. 灯具

照明灯具，是指能透光、分配和改变光源光分布的器具，包括除光源外所有用于固定和保护光源所需的全部零、部件，以及与电源连接所必需的线路附件，如图1-7所示。

家居照明从电的诞生到出现了最早的白炽灯泡，后来发展到荧光灯管，再到后来的节能灯、卤素灯、卤钨灯、气体放电灯和LED特殊材料的照明等，所有的照明灯具大多还是在这些光源的发展下而发展，如从电灯座到荧光灯支架再到各类工艺灯饰等。

图1-7 照明灯具

2. 控制开关

开关的词语解释为开启和关闭。它还是指一个可以使电路开路、使电流中断或使其流到其他电路的元件，其中有一个或数个接点。接点的"闭合"表示电子接点导通，允许电流流过；开关的"开路"表示电子接点不导通形成开路，不允许电流流过。最简单的开关由两片名叫"触点"的金属片组成，两触点接触时使电流形成回路，两触点不接触时电流开路，如图1-8所示。开关种类非常多，其中有单控开关、双控开关、多控开关、声光控开关等。

图1-9所示为双控开关的背面，双控开关就是一个开关同时带常开、常闭两个触点（即为一对）。通常用两个双控开关控制一个灯或其他电器，意思就是可以有两个开关来控制灯具等电器的开关，比如，在楼下时打开开关，到楼上后关闭开关。如果是采取传统的开关，想要把灯关上就要跑下楼去关，采用双控开关，就可以避免这个麻烦。

图1-8　双开单控开关

图1-9　双控开关的背面

你见过的照明灯具和控制开关有哪些？

三、低压电器

1. 刀开关

刀开关又叫开启式负荷开关，在配电系统和设备自动控制系统中常用于电源隔离，所以又称"隔离开关"，有时也可用于不频繁接通和断开小电流配电电路或直接控制小容量电动机的启动和停止。这种开关结构简单、价格低廉，安装、使用、维修都很方便。现在一般被空气断路器取代。

1）刀开关的结构

常用的刀开关有瓷底胶盖刀开关和铁壳开关，但结构都大同小异。图1-10所示为刀开关的结构。

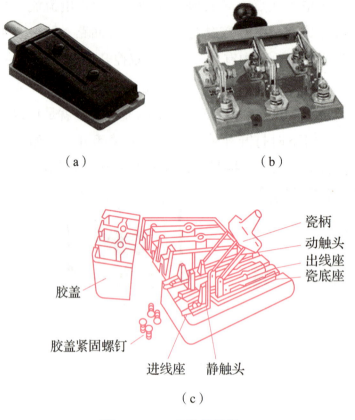

图 1-10 刀开关的结构

(a) 瓷底胶盖刀开关；(b) 铁壳开关；(c) 瓷底胶盖刀开关结构示意图

2) 刀开关的型号及符号（图 1-11）

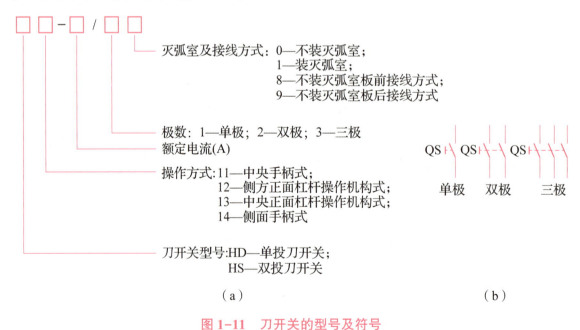

图 1-11 刀开关的型号及符号

(a) 型号含义；(b) 电气符号

3) 刀开关的选择

开关种类很多，有两极（额定电压 250 V）和三极（额定电压 380 V）刀开关，额定电流为 10～100 A 不等。

（1）照明电路可选用额定电压 220 V 或 250 V，额定电流等于或大于电路最大工作电流的两极开关。

（2）用于电动机的直接启动，可选用额定电压为 380 V 或 500 V，额定电流等于或大于电动机额定电流 3 倍的三极开关。

4）安装刀开关的注意事项

（1）刀开关安装时，瓷底应与地面垂直，手柄向上推为合闸，并使静插座位于上方，以防瓷柄、动触头等运动部件因支座松动而在自重作用下向下掉落，同触点接触，发生误合闸而造成事故。

（2）接线时，电源进线接闸刀上方静触点接线柱，通往负载的引线接下方的接线柱。

（3）更换熔丝时，必须在刀开关与电源断开的情况下更换。

2. 转换开关

转换开关又称组合开关，一种可供两路或两路以上电源或负载转换用的开关电器。转换开关具有多触点、多位置、体积小、性能可靠、操作方便、安装灵活等优点，多用于机床电气控制线路中电源的引入开关，起着隔离电源作用，还可以作为直接控制小容量异步电动机不频繁启动和停止的控制开关。

1）认识转换开关

转换开关与刀开关的操作不同，它是左右旋转的平面操作。转换开关同样也有单极、双极和三极之分。HZ10 系列组合开关的实物图及结构示意图如图 1-12 所示。

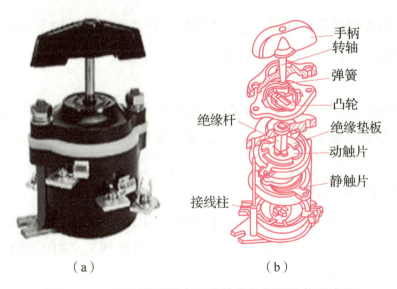

图 1-12　HZ10 系列组合开关的实物图及结构示意图

(a) 实物图；(b) 结构示意图

转换开关的触点系统是由数个装嵌在绝缘壳体内的静触头座和可动支架中的动触头构成。动触头是双断点对接式的触桥，附在有手柄的转轴上，随转轴旋至不同位置使电路接通或断开。定位机构采用滚轮卡棘轮结构，配置不同的限位件，可获得不同挡位的开关。转换开关由多层绝缘壳体组装而成，可立体布置，减小了安装面积，结构简单、紧凑，操作安全可靠。

转换开关可以按线路的要求组成不同接法的开关，以适应不同电路的要求。用转换开关代替刀开关使用，可使控制回路或测量回路简化，不仅能避免操作上的差错，还能够减少元件的数量。转换开关是刀开关的一种发展，其区别是刀开关操作时上下平面动作，转换开关则是左右旋转平面动作。

2）转换开关的符号及型号

转换开关的符号及型号如图 1-13 所示。

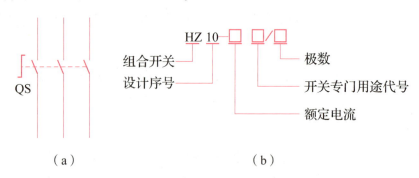

图 1-13　转换开关的符号及型号

(a) 符号；(b) 型号

3）转换开关的选择

选用转换开关应根据电源种类、电压等级、所需触头数、接线方式和负载容量进行选用。转换开关额定电流一般取电动机额定电流的 1.5~2.5 倍。

3. 按钮

按钮：又叫控制按钮或按钮开关，它只能短时接通或断开 5 A 以下小电流电路，向其他用电器发出指令性的电信号，控制其他电器动作。

1）认识按钮

按钮的外形如图 1-14 所示。为了清晰区分各个按钮的作用，避免误操作，通常将按钮帽做成不同的颜色（如红、绿、黑、黄、白、蓝等）来区分。习惯上用红色表示停止按钮，绿色表示启动按钮。

2）按钮的结构及工作原理

按钮的种类比较多，但结构是一样的，控制按钮由按钮帽、复位弹簧、桥式触点和外壳构成。其结构如图 1-15 所示。按钮分为常开按钮（动合按钮）、常闭按钮（动断按钮）和复合按钮，其工作原理分别为：

(1) 动合按钮：外力未作用时（手未按下），触点是断开的，外力作用时，动合触点闭合，但外力消失后，在复位弹簧作用下自动恢复原来的断开状态。

(2) 动断按钮：外力未作用时（手未按下），触点是闭合的，外力作用时，动合触点断开，但外力消失后，在复位弹簧作用下自动恢复原来的闭合状态。

(3) 复合按钮：按下复合按钮时，所有的触点都改变状态，即动合触点要闭合，动断触点要断开。但是，这两对触点的变化是有先后次序的。按下按钮时，动断点先断开，动合触点后闭合；松开按钮时，动合触点先复位（断开），动断触点后复位（闭合）。

图 1-14　按钮的外形

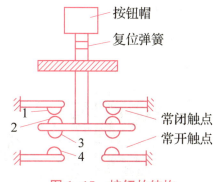

图 1-15　按钮的结构

1—常闭静触头；2，3—桥式动触头；4—常开静触头

3）按钮的型号及符号（图 1-16）

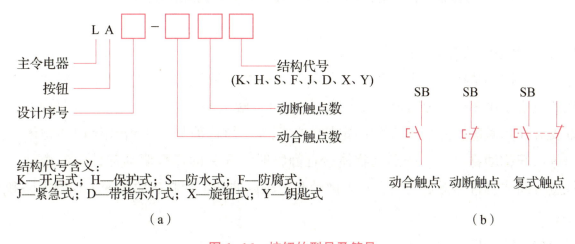

（a）　　　　　　　　　　　　　　　　　　（b）

图 1-16　按钮的型号及符号

（a）型号含义；（b）电气符号

4）按钮的选择

（1）一般以绿色表示启动按钮，红色表示停止按钮。

（2）选用启动按钮时，用按钮的常开触点；选用停止按钮时，用按钮的常闭触点。

（3）根据具体使用场合和具体用途选择按钮种类，根据电路需要选择按钮数量。

5）按钮的使用与安装注意问题

（1）按钮使用前应该检查按钮帽弹性是否正常，动作是否正常。

（2）按钮安装在网格板上时，要根据控制的先后次序把按钮从上到下或从左到右排列。

（3）按钮用螺栓固定在线路板上，安装要牢固。安装按钮的金属部位必须可靠接地。

4. 行程开关

不知你注意到没有，当你打开冰箱时，冰箱里面的灯就会亮了起来，而关上门就又熄灭了，这是因为门框上有个开关，被门压紧时灯的电路断开，门一开就放松了，于是就自动把电路闭合使灯点亮，这个开关就是行程开关。行程开关，是一种根据生产机械运动的行程位置而动作的小电流开关电器。它是利用生产机械的某些运动部件对开关操作机构的碰撞而使触点动作，以实现机械的电气控制。若将行程开关安装于生产机械行程的终点处，以限制其行程，则又可以称为限位开关。

1）认识行程开关

行程开关如图 1-17 所示。

图 1-17　行程开关

2）行程开关的结构及工作原理

行程开关按其结构可分为直动式、滚轮式、微动式和组合式。虽然种类比较多，但结构是一样的，主要由 3 个部分组成：操作头（滚轮）、触头系统（微动开关）和外壳。行程开关可以安装在相对静止的物体（如固定架、门框等，简称静物）上或者运动的物体（如行车、门等，简称动物）上。当运动物体接近静物时，开关的连杆驱动部件引起微动开关常闭、触点分断或者常开触点的闭合。由微动开关触点的开、合状态的改变去控制电路和机构的动作。

3）行程开关的型号及符号

行程开关的型号及符号如图 1-18 所示。

图 1-18　行程开关的型号及符号

(a) 型号含义；(b) 电气符号

4）行程开关的选择

选用行程开关应根据动作要求、电压等级、所需触头数、安装位置和负载容量进行选用。实际每一种行程开关在产品说明书中都有详细的说明。

5. 熔断器

熔断器是低压配电系统和电动机控制电路中最简单、最常用的保护电器。熔断器的种类很多，按结构可分为瓷插式、螺旋式、无填料密封管式和有填料密封管式等，我们主要学习螺旋式熔断器。

用途：熔断器属于保护电器，在一般低压照明线路中做过载和短路保护，在电动机控制线路中主要做短路保护，串接于被保护电路中。

1) 熔断器的外形结构

熔断器的外形如图 1-19 所示。

螺旋式熔断器的结构如图 1-20 所示。

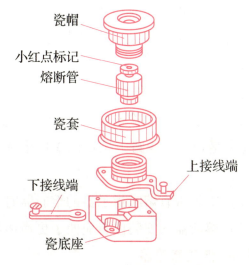

（a）　　　　　　　（b）

图 1-19　熔断器的外形

（a）瓷插式熔断器；（b）螺旋式熔断器

图 1-20　螺旋式熔断器的结构

2) 熔断器的工作过程

熔断器中的熔丝和熔片是用易熔合金制成的，当流过熔体的电流大于它的整定值时，熔体立刻熔断、切断电源，起到保护作用。

3) 熔断器的型号及符号

熔断器的型号和符号如图 1-21 所示。

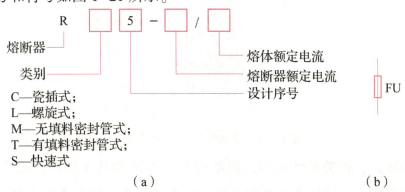

（a）　　　　　　　　　　　　　　　　（b）

图 1-21　熔断器的型号和符号

（a）型号含义；（b）电气符号

注意区别以下概念：

（1）熔断器额定电流：指保证熔断器能长期安全工作的额定电流；

（2）熔体额定电流：在正常工作时熔体不熔断的工作电流。

4）熔断器的选择

（1）电阻性负载或照明电路：一般按负载额定电流的 1~1.1 倍选用熔体的额定电流，进而选定熔断器的额定电流。

（2）电动机控制电路：对于单台电动机，一般选择熔体的额定电流为电动机额定电流的 1.5~2.5 倍；对于多台电动机，熔体的额定电流应大于或等于其中最大容量电动机的额定电流的 1.5~2.5 倍，再加上其余电动机的额定电流之和。

（3）为防止发生越级熔断，上、下级（供电干线、支线）熔断器间应有良好的协调配合，为此，应使上一级（供电干线）熔断器的熔体额定电流比下一级（供电支线）大 1~2 个级差。

5）安装熔断器的注意问题

（1）安装前，应检查熔断器的额定电压是否大于或等于线路的额定电压，熔断器的额定分断能力是否大于线路中预期的短路电流，熔体的额定电流是否小于或等于熔断器支持件的额定电流。

（2）安装带有熔断指示器的熔断器时，指示器应安装在便于观察的位置。

（3）熔断器的安装位置应便于更换熔体。

6. 低压断路器

低压断路器（也称自动空气开关），既可以接通和分断正常负荷电流和过负荷电流，又可以接通和分断短路电流的开关电器。它在电路中除起控制作用外，还具有一定的保护功能，如过负荷、短路、过载、欠压、漏电保护等。低压断路器可以手动直接操作也可以电动操作，还可以远程遥控操作。

1）低压断路器的外形结构及工作过程

单相低压断路器的结构如图 1-22 所示。

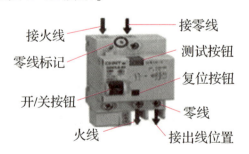

图 1-22 单相低压断路器的结构

低压断路器的形式、种类虽然很多，但结构和工作原理基本相同，主要由触点系统、灭弧系统和各种脱扣器组成。脱扣器主要有三种：电磁式过电流脱扣器、失压（欠压）脱扣器、热脱扣器。常见的低压断路器如图 1-23 所示。

模块一　安全用电与低压电器

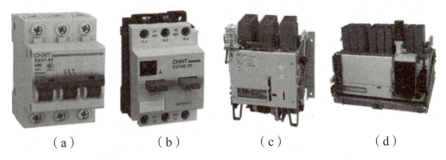

(a)　　　　　(b)　　　　　(c)　　　　　(d)

图 1-23　常见的低压断路器

(a) DZ47 系列断路器；(b) DZ108 系列断路器；(c) DW15 系列断路器；(d) NW17 系列断路器

低压断路器的结构如图 1-24 所示。

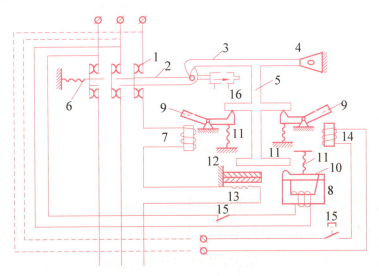

图 1-24　低压断路器的结构

1—主触点；2—锁键；3—搭钩（代表自由脱扣机构）；4—转轴；5—杠杆；6—复位弹簧；7—过电流脱扣器；
8—欠电压脱扣器；9，10—衔铁；11—弹簧；12—热脱扣器双金属片；13—热脱扣器热元件；
14—分励脱扣器；15—按钮；16—电磁铁（DZ 型无）

2）断路器主触点

图 1-24 中主触点串联在三相主电路中。主触点可由操作机构手动或电动合闸，当开关操作手柄合闸后，主触点 1 由锁键 2 保持在合闸状态。锁键 2 由搭钩 3 支持着，搭钩 3 可以绕转轴 4 转动。如果搭钩 3 被杠杆 5 顶开，则主触点 1 就被复位弹簧 6 拉开，电路断开。

过电流脱扣器 7 的线圈和热脱扣器热元件 13 与主电路串联。当电路发生短路或严重过载时，过电流脱扣器线圈所产生的吸力增加，将衔铁 9 吸合，并撞击杠杆 5 使自由脱扣机构动作，从而带动主触点断开主电路。当电路过载时，热脱扣器（过载脱扣器）热元件 13 发热使双金属片 12 向上弯曲，推动自由脱扣机构动作。过电流脱扣器的动作特性具有反时限特性。当低压断路器过载动作后，一般应等待 2~3 min 才能重新合闸，以使热脱扣器恢复原位，这也是低压断路器不能连续频繁进行通断操作的原因之一。

欠电压脱扣器 8 的线圈和电源并联。当电路欠电压时，欠电压脱扣器的衔铁释放，也使自由脱扣机构动作，断开主电路。分励脱扣器 14 是用于远距离控制，实现远程控制断路器切断电源。在正常工作时，其线圈是断电的，当需要远距离控制时，按下启动按钮15，使线圈通电，衔铁会带动自由脱扣机构动作，使主触点断开。

3) 低压断路器的型号及符号（图1-25）

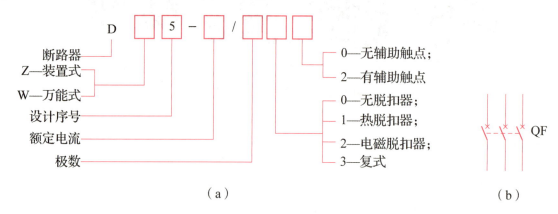

图1-25 低压断路器的型号及符号

(a) 型号含义；(b) 电气符号

4) 低压断路器的选择

(1) 低压断路器的额定电压和额定电流应大于或等于被保护线路的正常工作电压和负载电流。

(2) 热脱扣器的整定电流应等于所控制负载的额定电流。

(3) 过电流脱扣器的瞬时脱扣整定电流应大于负载正常工作时可能出现的峰值电流。

(4) 欠压脱扣器额定电压应等于被保护线路的额定电压。

(5) 低压断路器的极限分断能力应大于线路的最大短路电流的有效值。

5) 低压断路器的注意问题

(1) 低压断路器用作电源总开关或电动机的控制开关时，在电源进线侧必须加装刀开关或熔断器，以形成明显的断开点。

(2) 使用过程中若遇分断短路电流，应及时检查触头系统，若发现电灼烧痕，应及时修理或更换。

> 你认为在电源的接通和分断使用中哪一种控制类电器更好？

7. 交流接触器

在工厂的生产控制中，有些场合往往需要远距离控制，频繁地接通或断开电路，还需要通过较大的电流，这是一般的低压开关无法实现的，到底应用什么器件来满足这一控制呢？常用的电气元件是交流接触器。

用途：用于频繁的接通或断开交直流主电路和大容量控制电路，可实现远距离自动控制，具有欠（零）电压保护功能。

1）认识交流接触器

交流接触器的外形如图1-26所示。

2）交流接触器的结构

交流接触器的结构如图1-27所示。从整体上可分为电磁系统、触点系统和灭弧装置。电磁系统由线圈、动铁芯和静铁芯等组成。

触点系统分主触点和辅助触点。

图1-26 交流接触器的外形

主触点用以通断电流较大的主电路，体积较大，一般由三对动合触点组成。辅助触点用以通断电流较小的控制电路，体积较小，通常有动合和动断各两对触点。主触点工作时，需要经常接通和分断额定电流或更大的电流，常常伴有电弧的产生。为此，一般情况下都装有灭弧装置。

3）交流接触器的工作原理

如图1-28所示，当线圈得电后，线圈电流产生磁场，使静铁芯产生电磁吸力吸引衔铁，衔铁在电磁吸力的作用下吸向铁芯，同时带动动触点移动，使常闭触点断开、常开触点闭合。当线圈失电或线圈两端电压显著降低时，电磁吸力小于弹簧反力，使衔铁释放，触点机构复位，常开触点断开，常闭触点闭合。

图1-27 交流接触器的结构

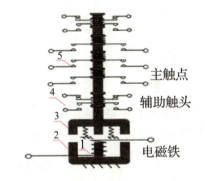

图1-28 交流接触器原理图

1—电磁线圈；2—静铁芯；3—动铁芯；
4—辅助常开静触头；5—常开静主触头

4）交流接触器的参数

（1）接触器的极数和电流种数：按接触器主触头的个数确定其极数，有两极、三极和四极接触器；按照允许的电流分为交流和直流接触器。

（2）额定工作电压：指主触头正常工作时的电压值，也就是主触头所在电路的电源电压。

（3）额定电流：接触器主触头在额定工作条件下的电流值。

（4）线圈额定电压：指接触器正常工作时线圈上所加的电压值，一般是380 V或220 V。

（5）操作频率：指接触器每小时允许接通或断开电路次数的数值。

（6）寿命：包括电寿命和机械寿命。

5）交流接触器的选择

（1）根据负载性质选择接触器类型（直流、交流）。

（2）额定电压应大于或等于主电路的工作电压。

（3）额定电流应大于或等于被控电路的额定电流。对于电动机负载，还应根据其运行方式适当增大或减小。

（4）吸引线圈的额定电压和频率要与所在控制电路的选用电压和频率相一致。

6）交流接触器的型号及符号（图1-29）

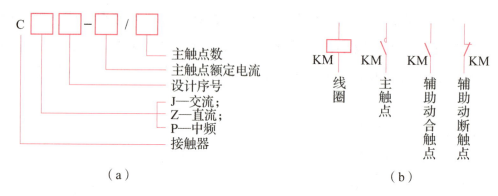

图1-29 交流接触器的型号及符号

(a) 型号含义；(b) 电气符号

7）交流接触器的常见故障及处理方法（表1-2）

表1-2 交流接触器的常见故障及处理方法

故障现象	故障原因	处理方法
线圈通电后接触器不动作或动作不正常	线圈损坏	用万用表测量线圈电阻
	电源断路	检查各接线端子是否断线或接触不良
	电源电压过低	测量电源供电电压是否正常
	接触器运动部分卡住	卸下灭弧罩按动触头是否灵活
线圈通电后吸力过大，线圈短时间过热烧坏	接入电源电压超过额定电压	测量电源电压
	线圈短路	更换线圈
线圈断电后，接触器不断开	运动部分卡死	清除异物或更换严重变形零件
	铁芯截面油垢粘连	用汽油清洗截面
	反作用弹簧失效或丢失	更换或调整反作用弹簧
	主触头熔焊	更换触头系统
触头温升过高	触头接触压力不足	调整主触头弹簧
	触头接触不良	改善触头接触情况
	触头严重磨损	更换新触头

> 你见过交流接触器其他的故障吗？

8. 时间继电器

在工厂的生产控制中，有些场合往往需要远距离控制，频繁地接通或断开电路，只是此时需要通过较小的电流，这时一般不用接触器。到底应用什么器件来实现这一控制呢？常用的电气元件是继电器。继电器是根据一定的信号（如电流、电压、速度、热量）变化实现小电流电路的接通和分断的控制电器。它的类别很多，有热继电器、时间继电器、中间继电器、电流继电器、电压继电器等。本节主要学习时间继电器，后边将会学习热继电器。

1）认识时间继电器

时间继电器如图 1-30 所示。时间继电器是电气控制中应用最多的继电器之一。把从得到输入信号（即线圈通电或断电）开始，经过一定的延时后才输出信号（延时触点状态变化）的继电器，称为时间继电器。时间继电器按动作原理和结构特点可分为空气阻尼式、电子式、电磁式、电动式等类型，应用较多的是空气阻尼式。空气阻尼式时间继电器是利用空气阻尼原理获得延时的。按延时方式可分为通电延时型和断电延时型两种。

图 1-30　时间继电器

2）时间继电器的结构和工作原理

如图 1-31 所示，空气阻尼式时间继电器利用空气阻尼原理达到延时的目的。它由电磁机构、延时机构和触点组成。其中电磁机构有交流、直流两种；延时方式有通电延时型和断电延时型，两种继电器原理和结构均相同，只是将其电磁机构翻转 180°安装。当衔铁位于铁芯和延时机构之间时为通电延时型；当铁芯位于衔铁和延时机构之间时为断电延时型。

（1）通电延时型时间继电器的工作原理。

当线圈 1 得电后，衔铁 3 吸合，带动推板 5 立即动作，压动微动开关 16 使触点瞬时动作。同时活塞杆 6 在塔式弹簧 8 作用下带动活塞 12 及橡皮膜 10 向上移动，橡皮膜下方空气室内的空气变得稀薄形成负压，活塞杆只能缓慢移动，其移动速度由进气孔 14 的大小决定（旋动调节螺钉 13 可调节进气孔的大小，即可达到调节延时时间长短的目的）。经过一段时间后，活塞杆通过杠杆 7 压动微动开关 15 使触点动作，起到通电延时的作用。

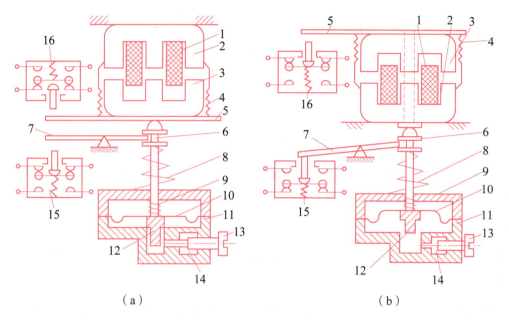

图1-31 空气阻尼式时间继电器构造

(a) 通电延时型；(b) 断电延时型

1—线圈；2—铁芯；3—衔铁；4—反力弹簧；5—推板；6—活塞杆；7—杠杆；8—塔形弹簧；9—弱弹簧；
10—橡皮膜；11—空气室；12—活塞；13—调节螺钉；14—进气孔；15，16—微动开关

当线圈1断电时，衔铁3释放，活塞杆6将活塞12向下推，橡皮膜10下方的空气通过活塞肩部所形成的单向阀迅速排出，使活塞杆、杠杆、微动开关15和16的各对触点均瞬时复位，这样断电时触点无延时。

（2）断电延时型时间继电器的工作原理。

工作原理与通电延时型相似，只是电磁铁的安装方向不同，当线圈通电衔铁吸合时，推动活塞复位排出空气，压动微动开关15和16使触点瞬时动作；当线圈断电衔铁释放时，微动开关16立即复位，在空气阻尼的作用下，微动开关15缓慢复位，使其触点延时复位。

3）时间继电器的图形符号及文字符号

时间继电器的图形符号及文字符号如图1-32所示。

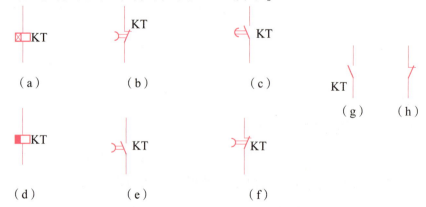

图1-32 时间继电器的图形符号及文字符号

(a) 通电延时线圈；(b) 延时断开的动断触点；(c) 延时闭合的动合触点；(d) 断电延时线圈；
(e) 瞬时闭合延时断开的动合触点；(f) 瞬时断开延时闭合动断触点；(g) 动合触点；(h) 动断触点

4）时间继电器的选择

（1）根据控制线路的延时范围、精度等要求选择时间继电器的类型、延时方式。

（2）根据控制线路电压选择时间继电器吸引线圈的电压。

5）JS11系列数字式时间继电器

如图1-33所示，JS11系列数字式时间继电器是JS11系列电动式时间继更新换代产品。它采用先进的数控技术，用集成电路和LED显示器件实现电动机和机械传动系统的延时控制。JS11系列时间继电器，除兼有电动式长延时的优点外，又具有无机械磨损、工作稳定、可靠、精度高、计数清晰悦目、准确直观和结构新颖等优点，广泛用于自动程序控制系统及各种生产工艺过程的自动控制系统，作为时间控制器件使用。图1-34所示为JS11系列数字式时间继电器的电路。

图1-33 JS11系列数字式时间继电器

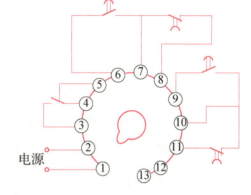

图1-34 JS11系列数字式时间继电器的电路

9. 热继电器

热继电器是利用电流的热效应来推动动作机构，使触头系统闭合或分断的保护电器。其主要用于电动机的过载保护、断相保护、电流不平衡运行保护。

1）热继电器的外形、结构

常见的热继电器如图1-35所示，其结构如图1-36所示。热继电器主要由热元件、双金属片、触头和导板组成。热元件由发热电阻丝做成，双金属片由两个热膨胀系数不同的金属片叠加而成。热元件串接在电动机定子绕组中。

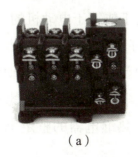

（a） （b）

图1-35 常见的热继电器

（a）JR16系列热继电器；（b）JR20系列热继电器

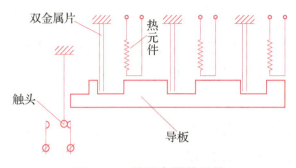

图 1-36 热继电器的结构

2) 热继电器的工作原理

热继电器的热元件串联于电动机工作回路中,因此工作中会产生热量。电动机正常运转时,热元件产生热量仅能使双金属片弯曲,还不足以使触头动作。当电动机过载时,即流过热元件的电流超过其整定电流时,热元件的发热量增加,使双金属片弯曲位移量增大,经一段时间后双金属片就推动导板使热继电器的常闭触点断开,从而切断电动机控制电路,切断电动机的供电,达到过载保护的目的。

热继电器动作后,经过一段时间的冷却自动复位,也可按复位按钮手动复位。旋转凸轮在不同位置可以调节热继电器的整定电流。

3) 热继电器的型号及符号(图 1-37)

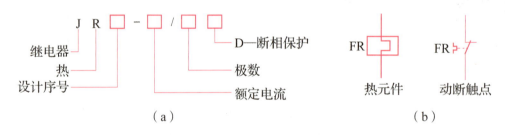

图 1-37 热继电器的型号及符号

(a) 型号含义;(b) 电气符号

4) 热继电器的选择

(1) 选类型:一般情况,可选择两相或普通三相结构的热继电器,但对于三角形接法的三相异步电动机,应选择三相结构并带断相保护功能的热继电器。

(2) 选择额定电流:热继电器的额定电流要大于或等于电动机的工作电流。

(3) 合理整定热元件的动作电流:热继电器的整定电流是指热继电器长期不动作的最大电流,超过此值即动作。一般将热继电器的整定电流调整到等于电动机的额定电流;对过载能力差的电动机,可将热继电器的整定电流调整到电动机额定电流的 0.6~0.8 倍;对启动时间较长、拖动冲击性负载或不允许停车的电动机,热继电器的整定电流应调整到电动机额定电流的 1.1~1.15 倍。

5) 使用热继电器的注意问题

(1) 必须严格按照产品说明书中规定的方式安装;

(2) 安装的环境温度应基本符合电动机所处环境温度;

（3）若与其他电器安装在一起，则需要将热继电器安装在其他电器的下方，以免其动作受到其他电器发热的影响。

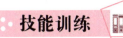

一、任务描述

现代，电已经是人们生活、工作和生产不可缺少的能源，但如果不了解安全用电常识，很容易造成电器的损坏，引起电气火灾，给人们的生命或财产带来不必要的损失，因此学习安全用电常识是非常重要的。通过学习，了解人体的安全电压和安全电流，明确安全用电的保护措施，电工实训操作要严格按照规程进行，以防发生触电事故。

二、收集信息

（1）登录安全用电规章制度官方网站（https：//wenku.baidu.com/view/9ee963382e60ddccda38376baf1ffc4ffe47e282.html）了解安全用电相关信息。

①电工实训用电安全操作规程有哪些？

②常用电气操作安全要求是什么？

（2）根据教材，掌握安全电压与安全电流的范围。

①国家标准《安全电压》（GB 3850—2015）规定我国安全电压额定值常用的五个等级分别是？

②人体接触的电压越高，通过人体的电流越大，电流只要超过____A 就能造成触电死亡。规定直流安全电流为____mA，交流安全电流为____mA。人体对通过电流的反应，请填写表1-3。

表 1-3　人体对通过电流的反应

序号	人体对电流的反应	对应的电流值/mA
1	手摆脱电极已感到困难，有剧痛感（手指关节）	
2	手迅速麻痹，不能自动摆脱电极，呼吸困难	
3	呼吸困难，心房开始震颤	
4	呼吸麻痹，3 s 后心脏开始麻痹，停止跳动	

③谈一谈，通过人体的电流对人的损害与哪些因素有关？

（3）查阅资料，结合知识单元内容，分析图 1-38，并回答问题。

图 1-38　人体触电

①如图 1-38 所示，躺在地上的人属于哪一种触电类型？实施救援的人员操作是否正确？这样操作的要领是什么？

②触电的类型还有哪几种?怎样可以有效地预防触电呢?

(4) 查阅资料,结合知识单元内容,分析图 1-39 中触电人员在送往医院中的急救措施是否得当?这样操作的要领是什么?

图 1-39 触电人员急救

三、任务实施方案

具体的任务实施方案如下:

1. 任务分工

根据任务描述的分析和获取的信息将任务分解，分派任务填入表 1-4 中。

表 1-4　任务分工

组别	姓名	分配的任务

2. 任务准备

根据任务需要准备所需的工具、器材等填入表 1-5 中。

表 1-5　工具、器材

序号	名称	规格或型号	单位	数量	备注
1					
2					
3					
4					
5					
6					
7					

电工实训室中可提供的实训设备、实训材料如下：

（1）实训设备：天煌维修电工技能实训考核装置（THWD-1C 型）；

（2）电工防护用品：电工工作服、电工防砸绝缘鞋、绝缘手套、安全帽；

（3）电工工具与仪器仪表：数字式万用表、电压表、钳形电流表、试电笔、螺丝刀。

四、任务实施

查阅资料，参照任务实施方案完成"安全用电常识"的相关任务，把下列相应内容填写完整。

1. 安全用电规章制度和技术操作要求

Step1：电工实训安全操作规程（3 项检查）。

（1）工作前：_____。

（2）动力配电箱的闸刀开关：_____。

（3）金属外壳的电气设备：_____。

Step2：文明操作安全要求（工作着装与操作环境）。

工作时要穿：_____，使用_____，站在_____作业，对相邻带电体和接地金属体应_____。

Step3：操作技术安全要求（3项安全技术操作）。

（1）当发生图1-40情形时，应该首先_____，用_____或_____扑灭电气火灾，严禁使用_____灭火。

（2）停电操作时，应悬挂_____指示牌，严格遵守停电操作规定，切实做好突然来电的防护措施。停电时在分断电源开关后，必须用_____检验开关的输出端，确认无电后方可操作。

图1-40 电气火灾

（3）分断电源时，应该先_____，再_____；接通电源时，先闭合_____，再闭合_____。

Step4：电气设备安装维修安全要求。

（1）电气设备的金属外壳必须可靠_____或_____。严禁切断电气设备的_____或_____。在单相电气设备中应使用接地或接零的_____和_____，但要注意不得将金属外壳的_____与_____并在一起插入插座。同理，在三相电路中要选用_____和_____。

（2）对照明灯具必须保持不小于如下安全距离：拉线开关需离地_____m，壁开关离地_____m；居民生活用灯头_____m，办公桌、商店柜台上方吊灯头_____m；特别潮湿、危险环境、户外灯及生产车间的吊灯_____m。

Step5：家庭用电的相关安全要求。

使用单相电器时，力求选用_____和配套的_____。其中上方的专用插孔应妥善_____。

Step6：请回答以下问题：

（1）停电操作时应注意哪些问题？

（2）家里哪些电器用三脚插头？哪些用两脚插头？再想想为什么？

（3）为什么不能用湿手触摸电器？

2. 安全用电常识

Step1：安全电压、电流。

国家标准《安全电压》（GB 3850—2015）规定我国安全电压额定值常用等级为_____V、_____V、_____V、_____V 和_____V 五个等级。

人体接触的电压越高，通过人体的电流越大，只要超过_____A 就能造成触电死亡，规定直流安全电流为_____mA，交流安全电流为_____mA。

频率的高低：一般说来工频_____对人体是最危险的。人体的电阻：人触电时与人体的电阻有关。人体的电阻一般在_____Ω 以上，主要是皮肤角质层电阻大。

Step2：触电类型。

人体触电是指人体某些部位接触带电物体，人体与带电体或与大地之间形成电流通路，并有电流流经人体的过程。根据人体接触带电体的具体情况，可分为_____、_____、_____三种类型。

Step3：触电原因。

常见的触电原因一般有_____、_____、_____、_____四方面；停电检修时在电源分断处悬挂_____之类的警告牌。

Step4：触电预防措施。

常用五种触电预防措施是_____、_____、_____、_____、_____。
保护接地应用于_____的配电系统中，保护接零适用于_____的供用电系统。

Step5：请同学们回答：

（1）保护接地和保护接零有哪些异同点？

（2）如果有人触电，怎样选择合适的方法使触电者尽快脱离电源？

（3）触电紧急救护时，首先应进行什么？然后立即进行什么？

五、评价总结

学习任务评价如表 1-6 所示，任务完成情况汇总如表 1-7 所示。

表 1-6 学习任务评价

班级：　　　　小组：　　　　学号：　　　　姓名：

内容	主要测评项目	学生自评			
		A	B	C	D
关键能力总结	1. 遵守纪律，遵守学习场所管理规定，服从安排				
	2. 具有安全意识、责任意识、6S 管理意识，注重节能环保				
	3. 学习态度积极主动，能按时参加安排的实习活动				
	4. 具有团队合作意识、注重沟通、能自主学习及相互协作				
	5. 仪容仪表符合学习活动要求				

续表

内容	主要测评项目	学生自评			
		A	B	C	D
专业知识和能力总结	1. 能掌握安全用电各种规章制度，提高安全意识				
	2. 掌握安全电压等级和安全电流、安全电压频率				
	3. 了解触电类型，能分析触电原因				
	4. 能进行触电现场急救				
个人自评总结和建议					
小组评价					
教师评价		总评成绩			

表1-7 任务完成情况汇总

班级：　　　　　小组：　　　　　学号：　　　　　姓名：

Step	完成情况	未完成原因
1		
2		
3		
4		
5		
6		
7		
8		
9		
10		

六、知识拓展

1. 安全用电常识

上网查询现实生活中经常发生的一些触电事故，进一步分析触电原因，制定预防措施，模拟进行触电急救。

2. 照明灯具的结构与使用

通过上网以及查阅其他教材，了解常用照明灯具的种类与特点、结构与使用方法。

任务二 照明灯具和常用低压电器

一、任务描述

照明灯具是我们生活中最为常见的电气元件。照明电路是利用灯具将电能转换为光能，创造明亮的环境。合理的电气照明，对于保护视力，减少事故，提高工作效率以及美化、装饰环境都具有重要意义。

低压电器是继电接触器控制的电动机电气控制电路中用于远距离自动控制的电气元件，主要用于频繁的接通与断开电路。掌握交流接触器、热继电器、时间继电器等低压电器的结构与工作原理，是学好电动机控制电路的基础。

在任务实施的过程中，提升自身对电气元件的认知能力和电工维修能力，增强收集和处理信息的能力，大胆提出自己的新观点、新方法、新思路。

二、收集信息

（1）上网搜查有关照明电路常用的电气元件。

（2）根据教材，说明照明电路的组成与基本概念。

照明电路的基本组成，一般包括_____、_____、_____、_____、_____、_____等设备。在实际的照明电路中，还包含很多其他的电气设备。

（3）查阅资料，结合教材，掌握组成照明电路的各个电气元件的结构、作用。

①白炽灯主要由_____、_____、_____等组成，火线接在白炽灯的_____，零线接在白炽灯的_____。

②插座的接线原则是左_____、右_____、上接_____。

③漏电保护器，主要用于防止_____的发生，其开关的动作原理是：在一个铁芯上有两个绕组，_____和_____。主绕组也有两个绕组：分别为输入电流绕组和输出电流绕

组。无漏电时，输入电流和输出电流相等，在铁芯上两磁通的矢量和为零，就不会在副绕组上感应出电势，否则副绕组上就会有感应电压形成，经放大器推动执行机构使开关跳闸。

（4）结合教材，掌握低压开关：刀开关、转换开关的结构与电路图形符号。

（5）结合教材，掌握按钮、行程开关的结构与电路图形符号。

（6）结合教材，掌握熔断器与空气断路器的结构、作用与电路图形符号。

（7）根据教材，掌握接触器、热继电器与时间继电器的结构与工作原理。

接触器的结构主要由 _____、_____、_____ 三部分组成；热继电器主要由 _____、_____、_____ 三部分组成。

接触器的工作原理：

热继电器的工作原理：

时间继电器的工作原理：

（8）查阅教材及其他资料，完成以下内容：

①实训室实训设备上电前的要求是_____。

②实训室 6S 管理规定是：

③安全永远是我们铭记的准则。

三、制定任务实施方案

分组查阅教材和相关资料，学习照明灯具、接触器与热继电器、时间继电器等低压电器的结构与工作原理，能够通过学习，切实掌握接触器与热继电器的工作原理及元件的检测与选用。具体的任务实施方案如下：

1. 任务分工

根据任务描述的分析和获取的信息，将任务分解，分派任务填入表 1-8 中。

表1-8 任务分工

组别	姓名	分配的任务

2. 任务准备

根据任务需要准备所需的工具、器材等填入表1-9中。

表1-9 工具、器材

序号	名称	规格或型号	单位	数量	备注
1					
2					
3					
4					
5					
6					
7					

电工实训室中可提供以下实训设备、材料等。

(1) 实训设备：天煌维修电工技能实训考核装置（THWD-1C型）；

(2) 电工工具与仪器仪表：数字式万用表、电压表、钳形电流表、试电笔、螺丝刀、钢丝钳、尖嘴钳；

(3) 照明灯具：白炽灯、双向开关、荧光灯套件；

(4) 低压电器：空气断路器、熔断器、交流接触器、中间继电器、热继电器、时间继电器、三联按钮、行程开关、转换开关、组合开关、刀开关、三相异步电动机。

四、任务实施

查阅教材和相关资料，参照任务实施方案，完成"照明灯具与低压电器的识别、检测与选用"的相关任务，把下列相应内容填写完整。

1. 按钮

Step1：按钮的结构。

控制按钮的结构一般由_____、_____、_____和_____构成。

按钮按照不受外力作用时的状态分为_____、_____和_____三种类型。

Step2：按钮的工作原理分别为：

（1）动合按钮：外力未作用时（即手未按下），触点是_____，外力作用时，_____闭合，但外力消失后，在_____作用下自动恢复原来的断开状态。

（2）动断按钮：外力未作用时（即手未按下），触点是_____，外力作用时，_____断开，但外力消失后，在复位弹簧作用下自动恢复原来的闭合状态。

（3）复合按钮：按下复合按钮时，所有的触点都改变状态，即_____要闭合，_____要断开。但是，这两对触点的变化是有先后次序的。按下按钮时，_____先断开，_____后闭合；松开按钮时，_____先复位（即恢复断开），_____后复位（即恢复闭合）。

Step3：绘制按钮的图形符号。

2. 行程开关

Step1：行程开关的作用。

行程开关是一种根据生产机械运动的_____而动作的小电流开关电器。它是利用生产机械的某些运动部件对开关_____的碰撞而使触点动作，以实现_____的电气控制。

Step2：行程开关的分类。

行程开关按其结构可分为_____、_____、_____和_____。

Step3：绘制行程开关的电路图形符号。

3. 熔断器

Step1：熔断器的用途。

熔断器属于_____，在一般低压照明线路中做_____和_____保护，在电动机控制线路中主要用作_____保护，_____于被保护电路中。

Step2：熔断器的结构。

熔断器的结构包括_____、_____、_____三部分。

Step3：熔断器的选择。

（1）电阻性负载或照明电路：一般按负载额定电流的_____倍选用熔体的额定电流，进而选定熔断器的额定电流。

（2）电动机控制电路：对于单台电动机，一般选择熔体的额定电流为电动机额定电流的_____倍；对于多台电动机，熔体的额定电流应大于或等于其中最大容量电动机的额定电流的_____倍，再加上其余电动机的额定电流之和。

4. 低压断路器

Step1：低压断路器的结构。

其主要由_____、_____和各种_____组成。脱扣器主要有三种：_____脱扣器、_____脱扣器、_____脱扣器。

Step2：低压断路器的作用。

低压断路器具有_____、_____、_____等作用。

Step3：绘制低压断路器的电路图形符号。

5. 交流接触器

Step1：交流接触器的结构与作用。

用途：用于频繁的接通或断开交直流主电路和大容量控制电路，可实现远距离自动控制，具有_____保护功能。

结构：交流接触器的结构，从整体上可分为_____、_____和_____。电磁系统由_____、_____和_____等组成，触点系统由_____、_____组成。

Step2：热继电器的工作原理。

当线圈得电后，线圈电流产生_____，使静铁芯产生_____吸引衔铁，衔铁在电磁吸力的作用下吸向铁芯，同时带动_____移动，使_____断开、_____闭合。当线圈失电或线圈两端电压显著降低时，电磁吸力小于弹簧反力，使衔铁释放，触点机构复位，常开触点断开，常闭触点闭合。

Step3：交流接触器的参数。

交流接触器的参数主要有_____、_____、_____、_____四个。

Step4：绘制交流接触器的型号和电路图形符号。

6. 热继电器

Step1：热继电器的结构与作用。

用途：热继电器是利用电流的热效应来推动动作机构，使触头系统闭合或分断的保护电器。其主要用于电动机的_____、_____、_____电流不平衡运行保护。

结构：热继电器主要由_____、_____、_____和_____组成。热元件由_____做成，双金属片由两个热膨胀系数不同的_____叠加而成。热元件_____在电动机定子绕组中。

Step2：热继电器的工作原理。

热继电器的热元件_____于电动机工作回路中，因此工作中会产生热量。电动机正常运转时，热元件产生热量仅能使_____弯曲，还不足以使触头动作。当电动机_____时，即流过热元件的电流超过其_____时，热元件的发热量增加，使双金属片弯曲位移量增大，经一段时间后双金属片就推动导板使热继电器的_____断开，从而切断电动机_____电路，切断电动机的供电，达到过载保护的目的。

热继电器动作后，经过一段时间的冷却自动复位，也可按_____手动复位。旋转凸轮在不同位置可以调节热继电器的_____。

Step3：绘制热继电器的型号和电路图形符号。

五、评价总结

学习任务评价表如表1-10所示，任务完成情况汇总如表1-11所示。

表 1-10 学习任务评价

班级：　　　　　小组：　　　　　学号：　　　　　姓名：

内容	主要测评项目	学生自评			
		A	B	C	D
关键能力总结	1. 遵守纪律，遵守学习场所管理规定，服从安排				
	2. 具有安全意识、责任意识、6S 管理意识，注重节能环保				
	3. 学习态度积极主动，能按时参加安排的实习活动				
	4. 具有团队合作意识，注重沟通，能自主学习及相互协作				
	5. 仪容仪表符合学习活动要求				
专业知识和能力总结	1. 掌握低压开关的结构、工作原理、电路图形符号				
	2. 掌握熔断器与空气断路器的作用、结构、工作原理、电路图形符号				
	3. 掌握交流接触器的结构、工作原理、电路图形符号				
	4. 掌握热继电器的结构、工作原理、电路图形符号				
	5. 掌握时间继电器的结构、工作原理、电路图形符号				
个人自评总结和建议					
小组评价					
教师评价		总评成绩			

表 1-11 任务完成情况汇总

班级：　　　　　小组：　　　　　学号：　　　　　姓名：

Step	完成情况	未完成原因
1		
2		
3		
4		

续表

Step	完成情况	未完成原因
5		
6		
7		
8		
9		
10		

六、知识拓展

（1）新的技术不断发展，上网查一查还有什么样的热继电器，它们各有怎样的外形特征？

（2）拆卸交流接触器 CJX2-910，掌握交流接触器的结构。

（3）查阅资料，进一步了解断电延时型时间继电器的结构与工作原理。

模块二

照明电路与电动机单向运行控制

 模块描述　　　　　　　　　　　　　　　　　　　　积薄而为厚，聚少而为多。

简单照明电路与电动机单向控制电路是维修电工的基本技能，也是在日常生活、生产中应用最广泛的基本控制电路。初学者在掌握低压电器基本常识的情境下，能快速地掌握电路的控制原理与简单的故障清除。

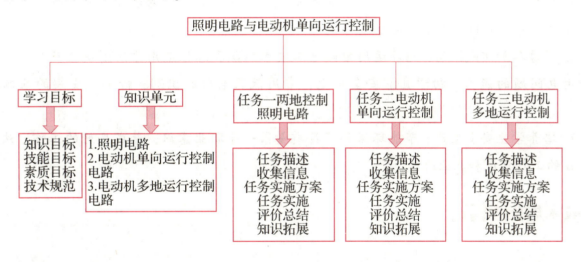

 学习目标

知识目标

1. 掌握照明电路的组成。
2. 掌握照明电路安装、线路敷设规范要求。
3. 掌握两地控制照明电路的安装步骤与接线规范。
4. 掌握电动机点动运行控制电路的工作原理、电路图、电路的安装与调试方法、步骤。
5. 掌握电动机单向自锁运行控制电路的工作原理、电路图、电路的安装与调试方法、步骤。
6. 掌握电动机点动与连续混合控制电路的工作原理、电路图、电路的安装与调试方法、步骤。

7. 掌握电动机两地控制电路的工作原理、电路图、电路的安装与调试方法、步骤。

技能目标

1. 根据照明电路安装、线路敷设规范要求完成两地控制照明电路的安装与调试。
2. 完成电动机点动控制电路的安装、故障检测与通电调试。
3. 完成电动机单向自锁控制电路的安装、故障检测与通电调试。
4. 完成电动机点动与连续混合控制电路的安装、故障检测与通电调试。
5. 完成电动机两地控制电路的安装、故障检测与通电调试。

素质目标

1. 通过搜集照明电路、电动机控制电路等资料,培养学生查找资料、文献等信息的能力。
2. 通过实训室技能实践培养学生良好的操作规范,养成安全操作的职业素养。
3. 通过合作探究,培养良好的人际交流能力、分工协作的团队合作精神。
4. 让学生了解国内外生产状况,培养学生社会责任感。
5. 结合生产生活实际,了解维修电工基本技能的认知方法,培养学习兴趣,形成正确的学习方法,有一定的自主学习能力。
6. 通过参加实践活动,培养运用维修电工技术知识和工程应用方法解决生产生活中相关安全用电问题的能力,初步具备安全用电,常用低压电器的识别、检测,安装的基本职业能力。
7. 培养学生安全生产、节能环保和产品质量第一等职业意识,养成良好的工作方法、严谨细致的工作作风和职业道德。

技术规范

1. 遵守电气设备安全操作规范和文明生产要求,安全用电、防火,防止出现人身、设备事故。
2. 正确穿着佩戴个人防护用品,包括工作服、电工绝缘鞋、安全帽、各类绝缘手套等。
3. 正确使用电工工具与设备,工具摆放整齐。
4. 根据照明电路、电动机控制电路的安装调试要求,以及线路的电气工艺操作要求进行安装,防止出现线路故障及电气元器件损坏。
5. 考核过程中应保持设备及工作台的清洁,保证工作场地整洁,严格按照实训室6S标准规范操作。

模块二 照明电路与电动机单向运行控制　45

技能标准

序号	作业内容	操作标准
1	安全防护	（1）正确穿着佩戴个人防护用品，包括工作服、工作鞋、工作帽等
		（2）正确选择常用的电工工具与仪器仪表
2	照明电路的安装与调试	（1）掌握照明电路的组成
		（2）学会照明电路元件的选用、检测与安装
		（3）会对两地控制照明电路进行设计
		（4）能够完成两地控制照明电路的安装与调试
3	电动机单向运行控制电路的安装（点动运行、单向自锁控制、点动与连续混合控制、两地控制）	（1）能够正确选用、检测低压电器
		（2）掌握电动机单向运行控制电路的工作原理
		（3）熟练掌握电动机单向运行控制电路的原理图
		（4）完成电动机单向运行控制电路的安装与接线
		（5）独立完成电动机单向运行控制电路的故障检测与排除，并进行通电调试

知识单元

照明电路与电动机单向运行控制

千里之行，始于足下。

一、照明电路

1. 照明电路的组成

如图 2-1 所示，简单明了地显示了照明电路的基本组成。其中包括单相电度表、漏电保护开关、熔断器、插座、开关、灯座、白炽灯等设备。在实际的照明电路中，还包含很多其他的电气设备。

图 2-1　照明电路

想一想：在实际照明电路中，你还见过哪些电气设备？

2. 电路中开关的接线

照明开关是控制灯具的电气元件，起控制照明电灯的亮与灭的作用（即接通或断开照明线路）。开关有明装和安装之分，现家庭一般是暗装开关。开关在电路中通常可分为单联开关与双联开关两种。单联开关也有一位、两位、三位等多位开关，集中在一个板面上。开关的接线如图2-2所示。注意：相线（火线）进开关。开关距地面的高度为1.3~1.5 m；若室内装有护墙板，开关位置应至少距离板顶端0.2 m以上。

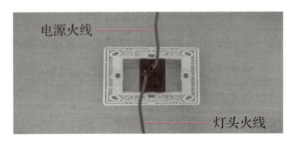

图2-2 开关的接线

想一想：你见过的照明电路中，开关的安装都符合规范吗？

3. 电路中插座的接线

根据电源电压的不同，插座可分为单相三孔或两孔插座，家庭一般都是单相插座。根据安装形式不同，插座又可分为明装式和暗装式，现家庭一般都是暗装插座。单相两孔插座有横装和竖装两种。单相两孔插座，横装时，接线原则是左零右相；竖装时，接线原则是上相下零；单相三孔插座的接线原则是左零右相上接地，如图2-3所示。根据标准规定，相线（火线）是红色线，零线（中性线）是蓝色线，接地线是黄绿双色线。明装插座的高度不应低于1.3 m，暗座的高度不应低于0.3 m。

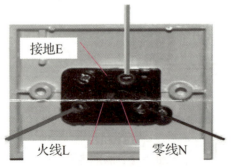

图2-3 插座的接线

4. 电路中电度表与熔断器、空气开关的接线

一般电度表从左到右四个接线端依次为 1、2、3、4。如图 2-4 所示，在使用中电度表接线遵循"1、3 接进线，2、4 接出线"的原则，即电度表的 1、3 端子接电源进线，其 1 号端子接火线，3 号端子接零线；电度表的 2、4 端子接出线，2 号端子为火线，4 号端子为零线。空气开关注意进线和出线不要接反，否则起不到作用。熔断器也是串接到电路中，一般情况下，只需要接火线，零线不用接。

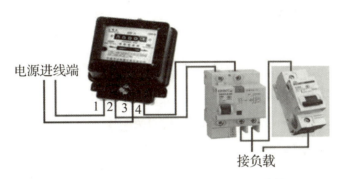

图 2-4　电度表与熔断器、空气开关的接线

> 想一想：你已经学会了单项电度表的接线，那三项电度表的接线你知道吗？

5. 照明电路设备的接线

电气照明广泛应用于生产和生活领域中，不同场合对照明装置和线路安装的要求不同。电气照明及配电线路的安装与维修，一般包括照明灯具安装、配电板安装和配电线路敷设与检修几项内容，也是电工技术中的一项基本技能。

照明接线要使电能安全、可靠地传送，还要使线路布置正规、合理、整齐和牢固，其技术要求如下。

（1）固定器件：将选择好的器件固定在网板上，排列各个器件时必须整齐。固定的时候，先对角固定，再两边固定。要求元器件固定可靠、牢固。

（2）布线：先处理好导线，将导线拉直，消除弯、折，布线要横平竖直、整齐，转弯成直角，并做到高低一致或前后一致，少交叉，应尽量避免导线接头。多根导线并拢平行走，而且在走线的时候记着"左零右火"的原则（即左边接零线，右边接火线）。

（3）接线：由上至下、先串后并；接线正确、牢固，各接点不能松动，敷线平直整齐，无漏铜、反圈、压胶，每个接线端子上连接的导线根数一般不超过两根，绝缘性能好，外形美观。红色线接电源火线（L），蓝色线接零线（N），黄绿双色线专作地线（PE）；火线过开关，零线一般不进开关；电源火线进线接单相电度表端子"1"，电源零线进线接电度表端子"3"，端子"2"为火线出线，端子"4"为零线出线。进出线应合理汇集在端子排上。

（4）检查线路：用肉眼观看电路，看有没有接出多余线头。参照设计的照明电路安装图检查每条线是否严格按要求连接，每条线有没有接错位，注意电度表有无接反，漏电保护器、熔断器、开关、插座等元器件的接线是否正确。

6. 家庭实用双控照明电路

1）双控照明电路（图2-5）

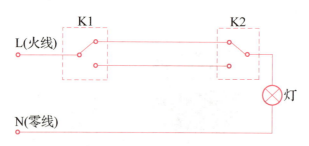

图2-5 双控照明电路

2）双控照明电路的安装要求

（1）作品评价要求。

布线：尽量避免接头、接头规范并包扎、横平竖直、拐角成直角；

开关：安装在火线上，安装高度一致、方向一致；

灯座：火线接中心接线柱上，螺钉平压顺时针压满一圈；

器件：分布合理均匀、美观大方。

（2）安装要求。

必须安装器件：灯座、开关、插头；

选择安装器件：插座、熔断器。

（3）安装步骤。

①安装、连接双控开关；

②安装火线；

③走线；

④安装灯座；

⑤安装零线；

⑥连接插头。

注：可以是先连好插头，再安装开关和灯，最后走线等多种方案。

3）安装注意事项

（1）正确安全地使用工具；

（2）先设计画出定位，再安装和走线；

（3）安装完成后进行电气检测，注意严防短路故障。

想一想：你觉得双控照明电路提供的便利是什么？开关与普通的电路开关有什么区别？

7. 照明电路设计与组装的规范

（1）配线的布置及其导线型号规格应该符合设计要求，配线工程施工中，当无设计规定的时候，导线最小截面积和应该满足机械强度的要求。

（2）所用导线的额定电压应该大于线路的工作电压，导线的绝缘应符合线路的安装方式和敷设的环境条件。线间和线对地间的绝缘电阻值必须大于 0.5 MΩ。

（3）各种明配线应垂直或者水平敷设，且要求横平竖直。一般导线水平高度不应小于 2.5 m；垂直敷设不应低于 1.8 m，否则应该加管槽保护，以防机械损伤。

（4）配线工程中所有的外露导线的保护接地和保护接零应该可靠。

想一想：在实际生活或生产中，你遇到过电路安装不规范的现象吗？

二、电动机单向运行控制电路

1. 电动机点动运行控制

1）电路原理图

图 2-6 所示为电动机点动控制电路原理图，电动机的启动、停止是通过手动按下或松开按钮 SB 来实现的，电动机的运行时间较短，无须过热保护装置。

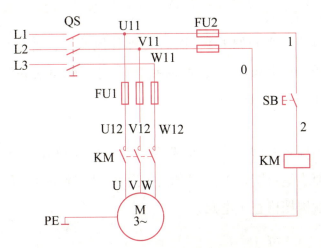

图 2-6　电动机点动控制电路原理图

按下按钮电动机启动运转、松开按钮电动机停止运转的控制方式称为点动控制，也就是说"点动点动，一点就动，不点不动"。点动控制电路由电源开关 QS、熔断器 FU、交流接触器 KM 的主触点和电动机 M 构成主电路，由按钮 SB、接触器 KM 的线圈构成控制电路。PE 为电动机保护接地线。

2) 点动控制电路的工作原理

（1）合上电源开关 QS，为电动机启动做好准备；

（2）按下按钮 SB，接触器 KM 线圈得电，接触器 KM 主触点闭合，三相电动机得电启动，松开按钮 SB，接触器 KM 线圈断电，接触器的主触点复位，电动机停转。

3) 电路的安装与调试

（1）实训设备和器件选用。

实训设备：天煌维修电工技能实训考核装置（THWD-1C 型）；

电气元件：刀开关或断路器、熔断器、交流接触器、按钮、三相异步电动机，并检查电气元件有无损坏、触头接触是否良好。

（2）熟悉点动控制电路的工作原理，并进行电路标号。

主电路表号：主电路的标号由大写字母 U、V、W 及双数字标号组成，用来区分电路不同的线段。如图 2-6 所示，三相电源开关后的三相交流主电路接点分别标注 U11、V11、W11，熔断器 FU1 后边接点标注 U12、V12、W12，标注代号数字依次增大；接触器主触点 KM 后边接点（即电动机部分）标注 U、V、W。

控制电路标号：控制电路标号由数字组成，交流控制电路标号一般是把电气元件的线圈作为分界点，左侧（或上侧）用 1、2、3 顺次编号，右侧（或下侧）为 0。

（3）画出元件布置图，如图 2-7 所示。

（4）由电气元件布置图和原理图设计、绘制安装接线图，如图 2-8 所示。

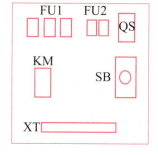

图 2-7　电动机点动控制电路布置图

（5）网孔板上固定电气元件。

固定时先找接触器位置（中间偏上），而后安排其他器件，各元件的位置应整齐、匀称，间距合理，便于更换芯线。根据布局，合理选择线槽尺寸，锯割后在线路板上固定。

（6）对照安装接线图（图 2-8）接线。

（7）检查线路。

对照原理图、接线图检查接线，自检完成后请实习指导教师检查；使用万用表欧姆挡检查控制电路：把万用表两表笔跨接在 FU2 两端，按下点动按钮 SB，看电路能否接通；断开控制电路后，使用万用表欧姆挡检查主电路。

（8）电动机安装。

先连接电动机和按钮金属外壳的保护接地线，再连接电源、电动机等控制板外部的接线。

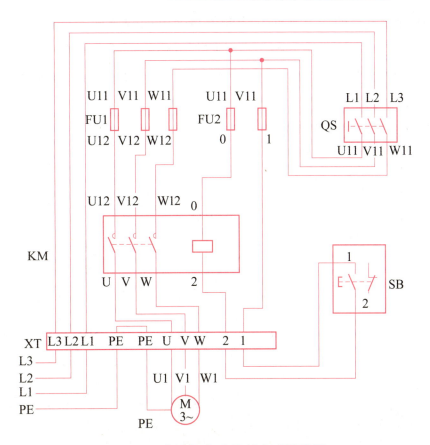

图 2-8　电动机点动控制电路接线图

(9) 通电试车。

先只接通控制电路，按下按钮 SB 后接触器 KM 应立即工作；松开按钮 SB 后，接触器 KM 立即失电恢复原位。

再接通主电路、控制电路，按下按钮 SB 后电动机应连续工作；松开按钮 SB 后，电动机应立即断电停止工作。

注意：通电时，必须经指导老师同意，由指导老师接通三相电源，并在现场监护；出现故障后，学生应独立进行检修；一般不允许学生带电检查，若需带电进行检查时，教师必须在现场监护；通电试车完毕，电动机停转后，切断电源；拆除时先拆除三相电源线，再拆除电动机线。特别注意：通电的次序为先接负载线，最后接三相电源线；断电的次序为先拆除三相电源线，再拆除负载线。

想一想：这个电路工作原理你掌握了吗？你认为这个电路可能应用在什么地方或场合？

2. 电动机单向自锁运行控制电路

在点动控制的电路中，要使电动机转动，就必须用手按住按钮不放，这不适宜电动机长时间连续运行控制，要想让电动机长时间工作就必须采用具有接触器自锁的控制电路。自锁触点：通常把用接触器本身的触点来使其线圈保持通电的现象称为自锁。起自锁作用的常开辅助触点称为自锁触点。连续运转电路与点动控制电路的不同之处在于控制电路中增加了一个停止按钮SB1，在启动按钮的两端并联了一对接触器的常开触头（自锁触点），增加了过载保护装置（热继电器FR）。

1）电动机单向自锁控制电路原理图（图2-9）

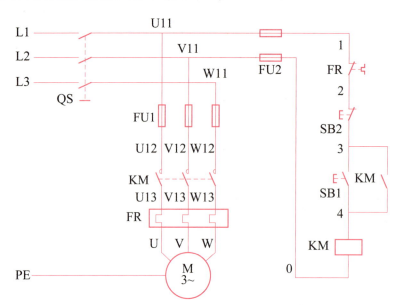

图2-9　电动机单向自锁控制电路原理图

2）连续运转控制电路的工作原理

（1）合上电源总开关QS（引入三相电源）。

（2）按下启动按钮SB1，接触器KM的线圈得电，接触器KM主触点闭合，电动机接通电源启动运行；

【自锁：接触器KM辅助常开触点闭合，使与之并联的SB1被短路，手松开按钮SB1后KM线圈仍然保持通电，电动机继续运转】

（3）按下停止按钮SB2，接触器KM的线圈失电，接触器KM主触点恢复断开，电动机断电停转。

（4）连续运转电路中具有的保护功能分析如下：

①欠电压保护。

"欠电压"是指电路电压低于电动机应加的额定电压。欠电压严重时会损坏电动机，在该控制电路中，当三相电源电压降低到85%额定电压以下时，接触器线圈磁通减弱，电磁吸力克服不了反作用弹簧的弹力，动铁芯会释放，从而使接触器KM的主触头分开，自动切断主电路。

②失电压保护。

当生产设备运行时，由于某种原因引起电源断电，而使生产机械停转。当故障排除恢复供电时，如果电动机重新启动，很可能引起设备与人身安全事故的发生。采用具有接触器自锁的控制电路，当失电时，KM 已断电释放，即使电源恢复供电，由于接触器线圈不能通电吸合，电动机也不会自行启动，只有再次按启动按钮，电动机才可以启动，这种保护称为失电压保护，也叫零电压保护。

③过载保护。

具有自锁的控制电路虽然有短路、欠电压保护和失电压保护的作用，但实际使用中还不够完善。因为电动机在运行过程中，若长期负载过大、操作频繁、三相电路缺相运行等原因，都可能使电动机的电流超过它的额定值，这将会引起电动机绕组过热，损坏电动机绝缘，因此，通常由三相热继电器来完成过载保护。

3）电路的安装与调试

（1）实训设备和器件选用。

实训设备：天煌维修电工技能实训考核装置（THWD-1C 型）；

电气元件：刀开关或断路器、熔断器、交流接触器、辅助触头热继电器、按钮、三相异步电动机，并检查电气元件有无损坏、触头接触是否良好。

（2）熟悉点动控制电路的工作原理，并进行电路标号。

主电路标号由大写字母 U、V、W 及数字标号组成，用来区分电路不同的线段。如图 2-9 所示，三相电源开关后的三相交流主电路接点分别标注 U11、V11、W11，熔断器 FU1 后边接点标注 U12、V12、W12，接触器主触点 KM 后边接点标注 U13、V13、W13，标注代号数字依次增大。热继电器 FR 下方（即电动机部分）用 U、V、W 标注。

控制电路标号由数字组成，交流控制电路标号一般是把电气元件的线圈作为分界点，左侧（或上侧）用 1、2、3 顺次编号，右侧（或下侧）为 0。

（3）画出元件布置图，如图 2-10 所示。

（4）由电气元件布置图和原理图设计、绘制安装接线图，如图 2-11 所示。

（5）网孔板上固定电气元件。

（6）对照安装接线图（图 2-11）接线。

（7）检查线路。

①对照原理图、接线图检查接线，自检完成后请实习指导教师检查。

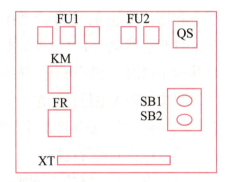

图 2-10　连续运转电路电器布置图

②使用万用表欧姆挡检查控制电路：把万用表两表笔跨接在 FU2 两端，按下启动按钮 SB1，看电路是否接通；按住 SB1 不要松开，再按下停止按钮 SB2 是否断开电路。

③断开控制电路后，使用万用表欧姆挡检查主电路。

（8）通电前的准备工作。

①安装电动机；

②连接电动机和按钮金属外壳的保护接地线；

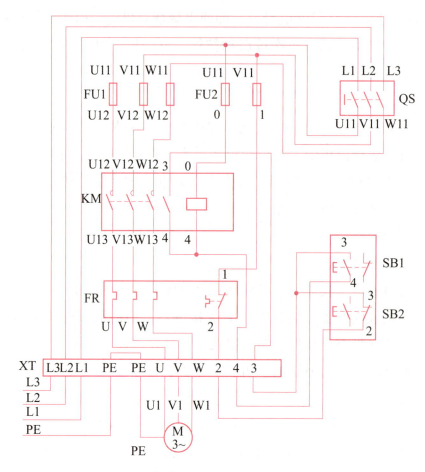

图 2-11　电动机连续运转控制电路接线图

③连接电源、电动机等控制板外部的接线。

（9）通电试车。

①只接通控制电路，按下启动按钮 SB1 后接触器 KM 应立即工作并保持连续得电；按下停止按钮 SB2 后，接触器 KM 立即失电恢复原位。

②接通主电路、控制电路，按下启动按钮 SB1 后电动机应连续工作；按下停止按钮 SB2 后，电动机应立即失电停止工作。

【注意：通电时，必须经指导老师同意，由指导老师接通三相电源，并在现场监护。出现故障后，学生应独立进行检修】

③通电试车完毕，停转、切断电源。先拆除三相电源线，再拆除电动机线。

> 想一想：电动机点动控制与自锁控制电路的不同之处。电动机自锁控制电路可能应用于什么场所呢？

3. 电动机点动与连续混合控制电路

1）电动机点动与连续混合控制电路原理图（图 2-12）

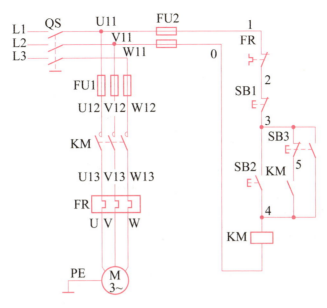

图 2-12 电动机点动与连续混合控制电路原理图

2）点动与连续混合控制电路的工作原理

（1）合上电源总开关 QS（引入三相电源）。

（2）按下启动按钮 SB2→接触器 KM 的线圈得电→接触器 KM 主触点闭合（实现自锁）→电动机接通电源启动连续运行。

（3）按下停止按钮 SB1→接触器 KM 的线圈失电→接触器 KM 主触点恢复断开→电动机断电停转。

（4）按下点动按钮 SB3→接触器 KM 的线圈得电→电动机连续运行→松开按钮 SB3→接触器 KM 的线圈失电→电动机停止运转。

3）电路的安装与调试

（1）实训设备和器件选用。

实训设备：天煌维修电工技能实训考核装置（THWD-1C 型）；

电气元件：刀开关或断路器、熔断器、交流接触器热继电器、三联按钮、三相异步电动机，并检查电气元件有无损坏、触头接触是否良好。

（2）熟悉点动控制电路的工作原理，并进行电路标号。

主电路的标号由大写字母 U、V、W 及双数字标号组成，用来区分电路不同的线段。如图 2-12 所示，三相电源开关后的三相交流主电路接点分别标注 U11、V11、W11，熔断器 FU1 后边接点标注 U12、V12、W12，接触器 KM 主触点下方用 U13、V13、W13 标注，代号数字依次增大；热继电器 FR 下方接点（即电动机部分）标注 U、V、W，控制电路标号由数字组成，交流控制电路标号一般是把电气元件的线圈作为分界点，上侧由上到下用 1、2、3 顺次编号，右侧（或下侧）为 0。

（3）画出元件布置图，如图 2-13 所示。

（4）由电气元件布置图和原理图设计、绘制安装接线图。

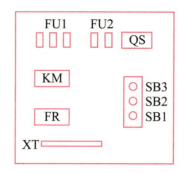

图 2-13 电动机点动与连续混合控制电路布置图

（5）网孔板上固定电气元件。

（6）对照安装接线图（图 2-14）进行接线。

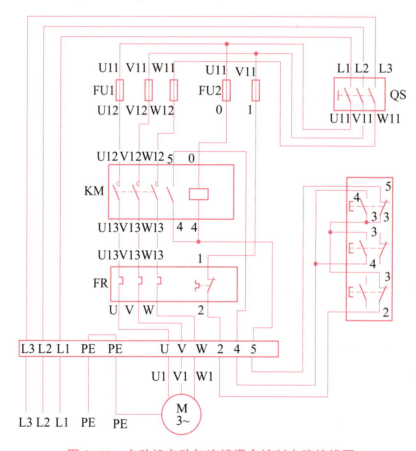

图 2-14 电动机点动与连续混合控制电路接线图

（7）检查线路。

①对照原理图、接线图检查接线，自检完成后请实习指导教师检查。

②使用万用表欧姆挡检查控制电路：把万用表两表笔跨接在 FU2 两端，分别按下连续启动按钮 SB2 或点动启动按钮 SB3 或接触器 KM 按键，看电路能否接通，这时万用表显示的是接触器线圈电阻值。按住 SB2 的同时再按下停止按钮 SB1 看能否断开电路。

③断开控制电路后，使用万用表欧姆挡检查主电路。

（8）通电前的准备工作。

①安装电动机；

②连接电动机和按钮金属外壳的保护接地线；

③连接电源、电动机等控制板外部的接线。

（9）通电试车。

①只接通控制电路，按下启动按钮 SB2 后接触器 KM 应立即工作并保持连续得电；按下停止按钮 SB1 后，接触器 KM 立即失电恢复原位；按下点动按钮 SB3，接触器 KM 线圈得电，松开按钮 SB3，接触器 KM 线圈失电。

②接通主电路、控制电路，按下启动按钮 SB2 后电动机应连续工作；按下停止按钮 SB1 后，电动机应立即失电停止工作；按下 SB3 按钮，电动机运行，松开按钮 SB3，电动机停止运行。

【注意：通电时，必须经指导老师同意，由指导老师接通三相电源，并在现场监护。出现故障后，学生应独立进行检修】

③通电试车完毕，停转、切断电源。先拆除三相电源线，再拆除电动机线。

> 想一想：电路的控制工作原理你掌握了吗？你认为这个电路的可能应用在什么场所？

三、电动机多地运行控制电路

1. 两地控制电路原理图

如图 2-15 所示，SB1 和 SB2 为甲地的停止和启动按钮；SB3 和 SB4 为乙地的停止和启动按钮。线路特点：两地的启动按钮 SB2、SB4 要并联接在一起；停止按钮 SB1、SB3 要串联接在一起。这样就可以分别在甲、乙两地启动和停止同一台电动机，达到操作方便之目的。

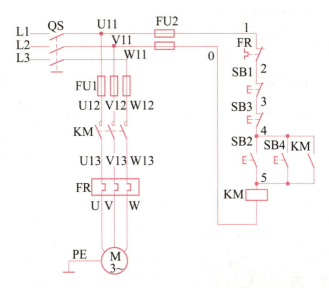

图 2-15　电动机两地控制电路原理图

注意：实现多地控制的关键所在是启动按钮并联，停止按钮串联。

2. 两地控制电路的工作原理

（1）闭合电源总开关 QS。

（2）按下启动按钮 SB2（或 SB4），接触器 KM 的线圈得电，接触器 KM 自锁触点和主触点闭合，电动机接通电源启动连续运行。

（3）按下停止按钮 SB1（或 SB3），接触器 KM 的线圈失电，接触器 KM 自锁触点和主触点恢复为断开状态，电动机断电停转。

3. 电路的安装与调试

（1）实训设备和器件选用。

实训设备：天煌维修电工技能实训考核装置（THWD-1C 型）；

电气元件：刀开关或断路器、熔断器、交流接触器、辅助触头热继电器、按钮、三相异步电动机，并检查电气元件有无损坏、触头接触是否良好。

（2）熟悉两地控制电路的工作原理，依据原理图（图 2-15）学会自己标线线号。

（3）画出电气元件布置图，如图 2-16 所示

（4）由电气元件布置图和原理图设计、绘制安装接线图，如图 2-17 所示。

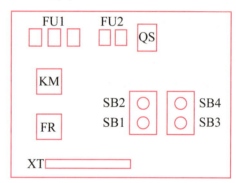

图 2-16 电动机两地控制元件布置图

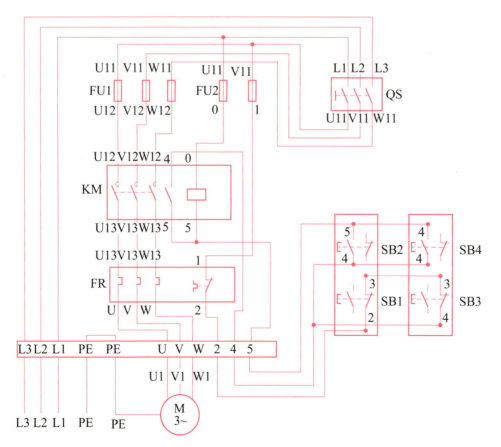

图 2-17 电动机两地控制电路接线图

（5）网孔板上固定电气元件。

（6）对照安装接线图接线。

（7）检查线路。

①对照原理图、接线图检查接线，自检完成后请实习指导教师检查。

②使用万用表欧姆挡检查控制电路：把万用表两表笔跨接在FU2两端，按下启动按钮SB2或SB4，看电路能否接通。按住按钮SB2或SB4不要松开，再按下停止按钮SB1或SB3能否断开电路。

③断开控制电路后，使用万用表欧姆挡检查主电路。

（8）通电前的准备工作。

①安装电动机；

②连接电动机和按钮金属外壳的保护接地线；

③连接电源、电动机等控制板外部的接线。

（9）通电试车。

①只接通控制电路，按下启动按钮SB2或SB4后接触器KM应立即工作并保持连续得电；按下停止按钮SB1或SB3后，接触器KM立即失电恢复原位。

②接通主电路、控制电路，按下启动按钮SB2或SB4后电动机应该连续工作；按下停止按钮SB1或SB3后，电动机应该立即失电停止工作。

【注意：通电时，必须经指导教师同意，由指导教师接通三相电源，并在现场监护】

③通电试车完毕，停转、切断电源。先拆除三相电源线，再拆除电动机线。

想一想：电动机多地控制电路与自锁电路的区别是什么？它适用于什么工作场所？

技能训练

 **两地控制照明电路**

一、任务描述

照明电路是我们生活中接触最为频繁的电路。合理的电气照明，对于保护视力，减少事故，提高工作效率以及美化、装饰环境都具有重要意义。通过照明电路的教学，培养学生自觉的安全用电的意识和行为习惯。培养学生收集和处理信息的能力；鼓励学生大胆提出自己的新观点、新方法、新思路，激发他们探究与创新的欲望。

请根据要求设计一个楼上楼下两地控制同一盏白炽灯的照明电路。要求：上楼时按下开关1，电灯亮，到楼上，按下开关2，灯灭；下楼时，按下开关2，灯亮，下楼后按开关1，灯灭。完成该两地控制照明电路原理图的设计、安装、接线、故障检测与通电调试。

二、收集信息

（1）上网搜查有关照明电路常用的电气元件。
（2）根据教材，明确照明电路的组成与基本概念。
照明电路的基本组成，一般包括哪些电气设备？

（3）上网搜查有关家庭实用双控照明电路的知识。
（4）根据教材，掌握家庭实用双控照明电路的电路原理、电路图。
（5）查阅资料，结合实践，掌握家庭实用双控照明电路的安装设计。
（6）查阅教材及其他资料，完成以下内容：
①实训室实训设备上电前的要求是：

②实训室 6S 管理规定是指：

③安全永远是我们铭记的准则。

三、任务实施方案

分组查阅教材和相关资料，学习两地控制照明电路的概念与组成，能够通过学习，切实掌握照明电路的概念以及组成照明电路的各种电气元件的结构与作用。具体的任务实施方案：

1. 任务分工

根据任务描述的分析和获取的信息，将任务分解，分派任务填入表2-1中。

表2-1　任务分工

组别	姓名	分配的任务

2. 任务准备

根据任务需要准备所需的工具、器材等填入表2-2中。

表2-2　工具、器材

序号	名称	规格或型号	单位	数量	备注
1					
2					
3					
4					
5					
6					
7					

电工实训室中可提供以下实训设备、材料等：

（1）实训设备：天煌维修电工技能实训考核装置（THWD-1C型）。

（2）电工工具与仪器仪表：数字式万用表、螺丝刀、钢丝钳、剥线钳、电工刀。

（3）实训材料：空气断路器、热继电器、交流接触器、按钮、端子板、三相异步电动机、线槽、导线。

四、任务实施

查阅教材和相关资料，参照任务实施方案完成"两地控制照明电路的组装与调试"的相关任务，把下列相应内容填写完整。

1. 照明电路的概念

Step1：照明电路的组成。

照明电路的基本组成，一般包括：

Step2：电路中插座的接线。

根据电源电压的不同，插座可分为_____或_____；家庭一般都是单相插座。根据安装形式不同，插座又可分为明装式和暗装式，现在家庭一般都是暗装插座。

单相两孔插座有横装和竖装两种。对单相两孔插座横装时，接线原则是_____；竖装时，接线原则是_____；单相三孔插座的接线原则是_____。

根据标准规定，相线（火线）是_____线，零线（中性线）是_____线，接地线是_____线；明装插座的高度不应低于_____m，暗装插座的高度的应不低于_____m。

Step3：控制开关。

开关的词语解释为开启和关闭。它还是指一个可以使电路开路、使电流中断或使其流到其他电路的元件。双控开关就属于开关的一种，双控开关的作用是

Step4：熔断器。

熔断器的定义及其用途是

2. 家庭实用两地控制照明电路

Step1：两地控制照明电路的组成。

两地控制照明电路的组成，一般包括：

Step2：设计双控两地控制照明电路。

Step3：工作原理分析。

分组讨论，展示讨论成果，描述工作原理。

Step4：电路分析。

火线首先进入双控开关 1 的_____，再从双向开关 2 的_____出来，接到白炽灯的_____上，零线直接接白炽灯的_____接线柱上。

Step5：电路的安装与调试。

五、评价总结

学习任务评价如表 2-3 所示，任务完成情况汇总如表 2-4 所示。

表 2-3　学习任务评价

班级：　　　　　小组：　　　　　学号：　　　　　姓名：

内容	主要测评项目	学生自评			
		A	B	C	D
关键能力总结	1. 遵守纪律，遵守学习场所管理规定，服从安排				
	2. 具有安全意识、责任意识、6S 管理意识，注重节能环保				
	3. 学习态度积极主动，能按时参加安排的实习活动				
	4. 具有团队合作意识，注重沟通，能自主学习及相互协作				
	5. 仪容仪表符合学习活动要求				
专业知识和能力总结	1. 掌握两地控制照明电路的概念与组成				
	2. 会分析实用两地控制照明电路的工作原理				
	3. 掌握实用两地控制照明电路的电路图绘制				
	4. 掌握家庭实用两地控制照明电路的安装与调试				
个人自评总结和建议					
小组评价					
教师评价		总评成绩			

表 2-4　任务完成情况汇总

班级：　　　　　小组：　　　　　学号：　　　　　姓名：

Step	完成情况	未完成原因
1		
2		
3		
4		

续表

Step	完成情况	未完成原因
5		
6		
7		
8		
9		
10		

六、知识拓展

（1）通过观察生活，说明本任务家庭用电包含的照明电路设备，并且指出在电路中的作用。

（2）学生为自己家设计安装一个"家庭双控照明电路"，生活会给我们出很多难题，需要我们用自己的智慧来解决生活中的实际困难。

（3）学生分组完成两地控制照明电路的安装，在要求范围内灵活施工，操作完毕，由小组长检验后方可通电，完工后小组内进行评价，并选出最好的一个作品，全班交流。教师巡回指导，对发现问题及时提示，集体问题全班纠正。

任务二　电动机单向运行控制

一、任务描述

电动机单向运行控制是电动机最基本的控制，今有一技术工人需要在水池中安装一个小型抽水泵，水泵是一台小功率的三相异步电动机。要求该电路不仅能实现电动机的点动抽水，也能实现电动机的连续抽水。请完成该电动机控制电路原理图的设计、安装、接线、故障检测与通电调试。

通过电动机控制电路的教学，能够培养学生安全用电的意识和行为习惯；培养学生收集和处理信息的能力；鼓励学生大胆提出自己的新观点、新方法、新思路，激发他们探究与创新的欲望。

二、收集信息

（1）上网搜查有关电动机单向运行控制常用的电气元件。

（2）根据教材，绘制电动机点动控制电路、电动机单向自锁控制电路、电动机点动与连续混合控制电路的原理图。

（3）上网搜查有关电动机点动控制电路、电动机单向自锁控制电路、电动机点动与连续混合控制电路的应用实例，以加强对电动机单向运行控制电路的认识。

（4）根据教材，掌握电动机点动控制电路、电动机单向自锁控制电路、电动机点动与连续混合控制电路的工作原理。

（5）查阅资料，结合实践，掌握电动机点动控制电路、电动机单向自锁控制电路、电动机点动与连续混合控制电路的安装设计，如图2-18和图2-19所示。

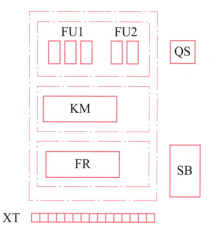

图 2-18　电动机单向自锁控制安装图

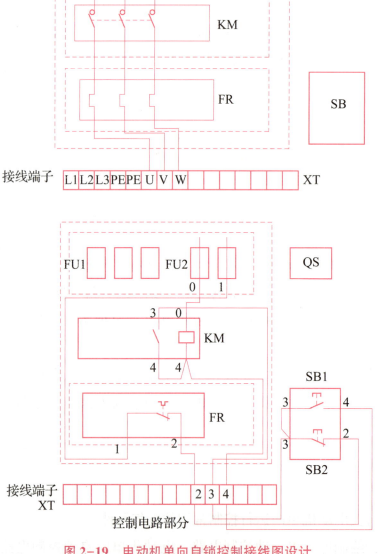

图 2-19　电动机单向自锁控制接线图设计

三、制定任务实施方案

分组查阅教材和相关资料学习电动机点动控制电路、电动机单向自锁控制、电动机点动与连续混合控制电路的工作原理与电路结构，能够通过学习，切实掌握电动机点动控制、电动机单向自锁控制、电动机点动与连续混合控制电路的各种电气元件的结构与作用。具体的任务实施方案如下：

1. 任务分工

根据任务描述的分析和获取的信息，将任务分解，分派任务填入表2-5中。

表2-5 任务分工

组别	姓名	分配的任务

2. 任务准备

根据任务需要准备所需的工具、器材等填入表2-6中。

表2-6 工具、器材

序号	名称	规格或型号	单位	数量	备注
1					
2					
3					
4					
5					
6					
7					

电工实训室中可提供以下实训设备、材料等：

（1）实训设备：天煌维修电工技能实训考核装置（THWD-1C型）。

（2）电工工具与仪器仪表：数字式万用表、螺丝刀、钢丝钳、剥线钳、电工刀。

（3）实训材料：刀开关或断路器、热继电器、熔断器、交流接触器、按钮、端子板、三相异步电动机、线槽、导线。

四、任务实施

查阅教材和相关资料,参照任务实施方案,完成"电动机点动控制、电动机单向自锁控制、电动机点动与连续混合控制电路"的相关任务,把下列相应内容填写完整。

1. 电动机点动控制电路

Step1:绘制电动机点动控制电路图。

Step2:分析电动机点动运行控制电路的工作原理,学生分组讨论工作原理。

Step3:设计电动机点动控制电路电气元件安装图。

元器件列表:

Step4:设计电动机点动控制电路实物接线图。

在 Step3 中,完成电路的实物接线图。

Step5:依据安装图进行电气元件的安装,要求安装美观、牢固,符合要求。

Step6:依据实物接线图进行电路的接线,要求接线布局美观、接点牢固,符合要求。

Step7:完成电路的故障检测,通电调试。

2. 电动机单向自锁控制电路

Step1：绘制电动机单向自锁控制电路图。

Step2：分析电动机单向自锁运行控制电路的工作原理，学生分组讨论工作原理。

Step3：设计电动机单向自锁控制电路电气元件安装图。

元器件列表：

Step4：设计电动机单向自锁控制电路实物接线图。

在 Step3 中，完成电路的实物接线图。

Step5：依据安装图进行电气元件的安装，要求安装美观、牢固，符合要求。

Step6：依据实物接线图进行电路的接线，要求接线布局美观、接点牢固，符合要求。

Step7：完成电路的故障检测，通电调试。

3. 电动机点动与连续混合控制电路

Step1：绘制电动机点动与连续混合控制电路图。

Step2：分析电动机点动与连续混合运行控制电路的工作原理，学生分组讨论工作原理。

Step3：设计电动机点动与连续混合控制电路电气元件安装图。

元器件列表：

Step4：设计电动机点动与连续混合控制电路实物接线图。

在 Step3 中，完成电路的实物接线图。

Step5：依据安装图进行电气元件的安装，要求安装美观、牢固，符合要求。

Step6：依据实物接线图进行电路的接线，要求接线布局美观、接点牢固，符合要求。

Step7：完成电动机点动与连续混合电路的故障检测，通电调试。

五、评价总结

学习任务评价如表 2-7 所示，任务完成情况汇总如表 2-8 所示。

表 2-7　学习任务评价

班级：　　　　小组：　　　　学号：　　　　姓名：

内容	主要测评项目	学生自评			
		A	B	C	D
关键能力总结	1. 遵守纪律，遵守学习场所管理规定，服从安排				
	2. 具有安全意识、责任意识、6S 管理意识，注重节能环保				
	3. 学习态度积极主动，能按时参加安排的实习活动				
	4. 具有团队合作意识、注重沟通、能自主学习及相互协作				
	5. 仪容仪表符合学习活动要求				
专业知识和能力总结	1. 掌握电动机点动运行控制电路的工作原理				
	2. 掌握电动机单向自锁运行电路的概念与工作原理				
	3. 掌握电动机点动与连续混合控制电路图绘制				
	4. 掌握电动机点动控制、连续控制、点动与连续混合控制电路的安装与调试				
个人自评总结和建议					
小组评价					
教师评价		总评成绩			

表 2-8　任务完成情况汇总

班级：　　　　小组：　　　　学号：　　　　姓名：

Step	完成情况	未完成原因
1		
2		
3		
4		
5		
6		
7		
8		
9		
10		

六、知识拓展

（1）通过观察生活，说明家用豆浆机里的电动机所用的电气元件，并且指出在电路中的作用。

（2）生活会给我们出很多难题，需要我们用自己的智慧来解决生活中的实际困难。某同学为自己家豆浆机设计电路图，并进行豆浆机的线路检测。

（3）学生分组进行家用豆浆机的组装，在要求范围内灵活施工，操作完毕，由小组长检验后方可通电，完工后小组内进行评价，并选出最好的一个作品，全班交流。教师巡回指导，对发现问题及时提示，集体问题全班纠正。

任务三　电动机多地运行控制

一、工作任务

我们需要在花园中安装一个有甲乙两地控制的小型喷泉，水泵是一台小功率的三相异步电动机。要求：按下甲地启动按钮，抽水泵一直向储水罐进行抽水；按下停止按钮，停止抽水；在乙地按下启动按钮，抽水泵一直向储水罐进行抽水，按下停止按钮，停止抽水；如果电动机连续运行的过程中发生长时间过载现象或严重过载现象时，自动停止运行，进行检修。请完成电动机两地控制电路图的绘制、安装、接线、故障检测与通电调试。

通过电动机控制电路的教学，能够培养学生安全用电的意识和行为习惯；培养学生收集和处理信息的能力；鼓励学生大胆提出自己的新观点、新方法、新思路，激发他们探究与创新的欲望。

二、收集信息

（1）上网搜查有关电动机多地控制常用的电气元件。

（2）根据教材，绘制电动机两地控制电路的原理图。

（3）上网搜查有关电动机两地控制电路的应用实例，以加强对电动机两地控制电路的认识。

（4）根据教材，掌握电动机两地控制电路的工作原理。

（5）查阅资料，结合实践，掌握电动机两地控制电路的安装设计。

（6）查阅教材及其他资料，完成以下内容：

①实训室实训设备上电前的要求是：

②实训室 6S 管理规定是指：

③安全永远是我们铭记的准则。

三、任务实施方案

分组查阅教材和相关资料，学习电动机两地控制电路的工作原理与电路结构，能够通过学习，切实掌握电动机两地控制电路的各种电气元件的结构与作用。具体的任务实施方案如下：

1. 任务分工

根据任务描述的分析和获取的信息，将任务分解，分派任务填入表2-9中。

表2-9　任务分工

组别	姓名	分配的任务

2. 任务准备

根据任务需要准备所需的工具、器材等填入表2-10中。

表2-10　工具、器材

序号	名称	规格或型号	单位	数量	备注
1					
2					
3					
4					
5					
6					
7					

电工实训室中可提供以下实训设备、材料等：

（1）实训设备：天煌维修电工技能实训考核装置（THWD-1C型）。

（2）电工工具与仪器仪表：数字式万用表、螺丝刀、钢丝钳、剥线钳、电工刀。

（3）实训材料：刀开关或断路器、热继电器、熔断器、交流接触器、按钮、端子板、三相异步电动机、线槽、导线。

四、任务实施

查阅教材和相关资料，参照任务实施方案完成"电动机两地控制电路"的相关任务，把下列相应内容填写完整。

Step1：绘制电动机两地控制电路图。

模块二　照明电路与电动机单向运行控制

Step2：分析电动机两地运行控制电路的工作原理。

Step3：设计电动机两地运行控制电路电气元件安装图。

元器件列表：

Step4：设计电动机两地控制电路实物接线图。

在 Step3 中，完成电路的实物接线图。

Step5：依据安装图进行电气元件的安装，要求安装美观、牢固，符合要求。

Step6：依据实物接线图进行电路的接线，要求接线布局美观、接点牢固，符合要求。

Step7：完成电路的故障检测，通电调试。

五、评价总结

学习任务评价如表 2-11 所示,任务完成情况汇总如表 2-12 所示。

表 2-11 学习任务评价

班级:　　　　　小组:　　　　　学号:　　　　　姓名:

内容	主要测评项目	学生自评			
		A	B	C	D
关键能力总结	1. 遵守纪律,遵守学习场所管理规定,服从安排				
	2. 具有安全意识、责任意识、6S 管理意识,注重节能环保				
	3. 学习态度积极主动,能按时参加安排的实习活动				
	4. 具有团队合作意识、注重沟通、能自主学习及相互协作				
	5. 仪容仪表符合学习活动要求				
专业知识和能力总结	1. 掌握电动机两地控制电路的工作原理				
	2. 掌握电动机两地控制电路的概念与工作原理				
	3. 掌握电动机两地控制电路图绘制				
	4. 掌握电动机两地控制电路的安装与调试				
个人自评总结和建议					
小组评价					
教师评价		总评成绩			

表 2-12 任务完成情况汇总

班级:　　　　　小组:　　　　　学号:　　　　　姓名:

Step	完成情况	未完成原因
1		
2		
3		

续表

Step	完成情况	未完成原因
4		
5		
6		
7		
8		
9		
10		

六、知识拓展

（1）观察建筑工地，设计一两地控制搅拌机的电路图。

（2）请说明两地控制搅拌机所用的电气元件及其作用。

模块三

电动机正反转与顺序控制

 模块描述　　　　　　　　　　　　　　　　　　　　　举一反三，学以致用。

　　电动机在实际生产和生活应用中，往往是利用电动机实现顺时针（正向）和逆时针（反向）两个方向转动的作用，来解决实际问题和提高生产效率。电动机正反向运转控制原理就是在电动机单向控制的基础上增加了改变接入电动机绕组的电源相序电路。

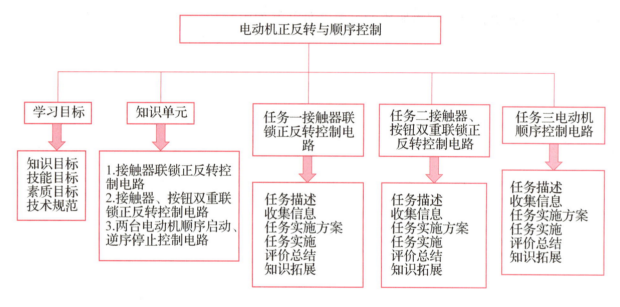

 学习目标

知识目标

1. 掌握电动机控制电路中电气互锁的概念。
2. 掌握接触器联锁正反转控制电路及工作原理。
3. 掌握接触器、按钮双重联锁正反转控制电路及工作原理。
4. 掌握电动机顺序控制电路及工作原理。
5. 掌握电动机正反转、顺序控制电路的电路图、安装图、接线图的设计。
6. 掌握电动机正反转、顺序控制电路的安装、故障检测、通电调试。

技能目标

1. 熟练掌握电动机正反转控制与顺序控制电路的工作原理。

2. 依据电路要求完成电路元件的选用、质量检测。

3. 完成电动机接触器联锁正反转控制电路的安装、故障检测与通电调试。

4. 完成电动机接触器、按钮双重联锁正反转控制电路的安装、故障检测与通电调试。

5. 完成电动机顺序启动、逆序停止控制电路的安装、故障检测与通电调试。

素质目标

1. 通过搜集电动机正反转控制与顺序控制电路的相关资料，培养学生查找资料、文献等信息的能力。

2. 通过实训室技能实践培养学生良好的操作规范，养成安全操作的职业素养。

3. 通过合作探究，培养良好的人际交流能力、分工协作的团队合作精神。

4. 让学生了解国内外生产状况，培养学生社会责任感。

5. 结合生产生活实际，了解维修电工基本技能的认知方法，培养学习兴趣，形成正确的学习方法，有一定的自主学习能力。

6. 通过参加实践活动，培养运用维修电工技术知识和工程应用方法解决生产生活中相关安全用电问题的能力，初步具备安全用电，常用低压电器的识别、检测，电动机控制电路安装的基本职业能力。

7. 培养学生安全生产、节能环保和产品质量第一等职业意识，养成良好的工作方法、严谨细致的工作作风和职业道德。

技术规范

1. 遵守电气设备安全操作规范和文明生产要求，安全用电、防火，防止出现人身、设备事故。

2. 正确穿着佩戴个人防护用品，包括工作服、电工绝缘鞋、安全帽、各类绝缘手套等。

3. 正确使用电工工具与设备，工具摆放整齐。

4. 根据电动机控制电路的安装调试要求，以及线路的电气工艺操作要求进行电路安装，防止出现线路故障及电气元件损坏。

5. 考核过程中应保持设备及工作台的清洁，保证工作场地整洁；严格按照实训室6S标准规范操作。

技能标准

序号	作业内容	操作标准
1	安全防护	（1）正确穿着佩戴个人防护用品，包括工作服、工作鞋、工作帽等
		（2）正确选择常用的电工工具与仪器仪表

续表

序号	作业内容	操作标准
2	电动机正反转控制电路的安装与调试	（1）能够正确选用、检测低压电器 （2）掌握电动机正反转运行控制电路的工作原理 （3）熟练掌握电动机正反转控制电路的原理图 （4）完成电动机正反转控制电路的安装与接线 （5）独立完成电动机正反转控制电路的故障检测与排除，并进行通电调试
3	电动机顺序控制电路的安装与调试	（1）能够正确选用、检测低压电器 （2）掌握电动机顺序控制电路的工作原理 （3）熟练掌握电动机顺序控制电路的原理图 （4）完成电动机顺序控制电路的安装与接线 （5）独立完成电动机顺序控制电路的故障检测与排除，并进行通电调试

知识单元

电动机正反转与顺序控制

思考就是行动。

一、接触器联锁正反转控制电路

1. 电路的工作原理（图3-1）

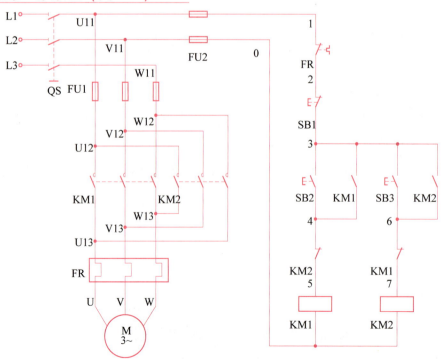

图3-1 接触器联锁正反转控制工作原理

2. 接触器联锁正反转控制电路的工作原理

1）正转控制

合上电源开关 QS，按正转启动按钮 SB2，正转控制回路接通，KM1 的线圈通电动作，其常开触头闭合自锁、常闭触头断开使 KM2 线圈不能通电（实现联锁），同时主触头闭合，主电路按 U、V、W 相序接通，电动机正转。

2）反转控制

要使电动机改变转向（即由正转变为反转）应先按下停止按钮 SB1，使正转控制电路断开电动机停转，然后才能使电动机反转，为什么要这样操作呢？因为反转控制回路中串联了正转接触器 KM1 的常闭触头，当 KM1 通电工作时，它是断开的，若这时直接按反转按钮 SB3，反转接触器 KM2 是无法通电的，电动机也就得不到电流，故电动机仍然处在正转状态，不会反转。

3）联锁

接触器 KM1 和 KM2 的主触头绝不允许同时闭合，否则将造成两相电源（L1 相和 L3 相）短路事故。为了避免两个接触器 KM1 和 KM2 同时得电动作，就在正、反转控制电路中分别串接了对方接触器的一对常闭辅助触头，这样，当一个接触器得电动作，通过其常闭辅助触头使另一个接触器不能得电动作，接触器间这种相互制约的作用叫接触器联锁（或互锁）。

4）优点及缺点

接触器联锁正反转控制线路的优点是工作安全可靠，其缺点是操作不便。因电动机从正转变为反转时或者从反转变为正转时，必须先按下停止按钮后，才能按反转启动按钮，否则由于接触器的联锁作用，不能实现反转。

【注意：接触器联锁是我们学习低压电器电路的重要环节，一定要牢记】

> 试一试：总结一下，电动机单向控制电路与电动机正反转控制电路的不同，多了哪一些控制作用？

3. 电路的安装与调试

（1）实训设备和器件选用。

实训设备：天煌维修电工技能实训考核装置（THWD-1C 型）。

电气元件：刀开关或断路器、熔断器、交流接触器、热继电器、按钮、三相异步电动机，检查电气元件有无损坏、触头接触是否良好。

（2）熟悉接触器联锁正反转控制电路的工作原理，按规定在原理图中标注线号。

①主电路标号。

主电路标号由大写字母 U、V、W 及两位数字标号组成，用来区分电路不同的线段。如图 3-1 所示，三相电源开关后的三相交流主电路接点分别标注 U11、V11、W11，熔断器 FU1 后边接点标注 U12、V12、W12，接触器主触点 KM 后边接点标注 U13、V13、W13，标注代号数字依次增大。两位数字中的第一位代表主电路的第一个分支，第二位代表每一个分支的第几个节点。热继电器下方用U、V、W标注线号。

②控制电路标号。

控制电路标号由数字组成，交流控制电路标号一般是把电气元件的线圈作为分界点，左侧（或上侧）用1、2、3、4、5、6、7顺次编号，右侧（或下侧）为0。

（3）画出电气元件布置图，如图3-2所示。

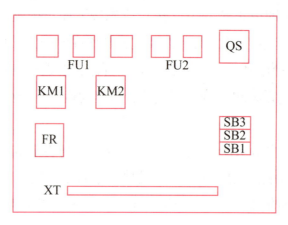

图3-2　接触器联锁正、反转控制电器布置图

（4）由电气元件布置图和原理图设计、绘制安装接线图，如图3-3所示。

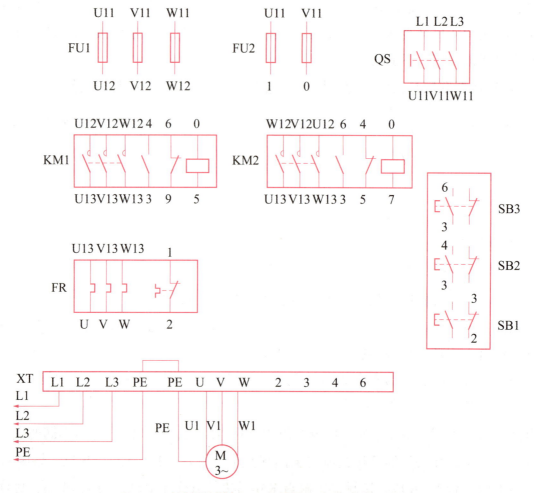

图3-3　接触器联锁正、反转控制电路安装接线图

(5)检查线路。

①对照原理图、接线图检查接线,自检完成后请实习指导教师检查。

②使用万用表欧姆挡检查控制电路:把万用表两表笔跨接在 FU2 两端,按下正转启动按钮 SB2,看电路能否接通;按下反转启动按钮 SB3,看电路状态是否改变;再按下停止按钮 SB1,看能否断开电路。然后按下反转启动按钮 SB3,看电路能否接通;按下正转启动按钮 SB2,看电路状态是否改变;再按下停止按钮 SB1,看能否断开电路。

③断开控制电路后,使用万用表欧姆挡检查主电路。

> 想一想:利用万用表欧姆挡检测电路通断的原理是什么?当万用表有数值显示时,该数值是哪个低压电器的阻值?

(6)通电前的准备工作。

①安装电动机:做到安装牢固平稳,以防止在换向时产生滚动而引起事故。

②连接电动机和按钮金属外壳的保护接地线。

③连接电源、电动机等控制板外部的接线。

> 想一想:电动机和按钮的金属外壳为什么需要连接保护地线?

(7)通电试车。

①只接通控制电路;按下启动按钮 SB2 或 SB3 后接触器 KM1 或 KM2 应立即工作并保持连续得电;按下停止按钮 SB1 后,接触器 KM1 或 KM2 立即失电恢复原位。然后检查联锁触点是否起作用,正转后再按下反转启动按钮或反转后再按下正转启动按钮,看电路工作状态是否有变化。

②接通主电路、控制电路;按下启动按钮 SB2 或 SB3 后电动机应该连续工作;按下停止按钮 SB1 后,电动机应该立即失电停止工作,然后检查联锁触点是否起作用。

【注意:通电时,必须经指导教师同意,由指导教师接通三相电源,并在现场监护。出现故障后,学生应独立进行检修】

③通电试车完毕,停转,切断电源;先拆除三相电源线,再拆除电动机线。

安全警示：电路通电时，上电和断电的操作原则还记得吗？

二、接触器、按钮双重联锁正反转控制电路

1. 电路的工作原理（图3-4）

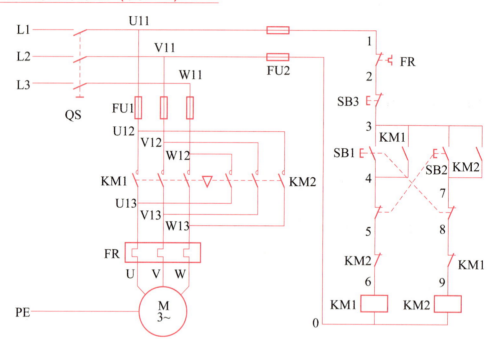

图3-4 接触器、按钮双重联锁正反转控制原理图

2. 接触器、按钮双重联锁正反转控制电路的工作原理

（1）合上电源开关。

（2）正转启动。

按下正转启动按钮SB1，SB1动断触点先分断对KM2的联锁（切断反转控制电路），SB1动合触点后闭合，使KM1线圈得电，此时KM1动合触点闭合实现自锁、KM1动断触点断开实现对KM2的联锁、KM1主触点闭合，电动机M启动连续正转。

（3）反转启动。

按下反转启动按钮SB2，SB2动断触点先分断对KM1的联锁（切断正转控制电路），SB2动合触点后闭合，使KM2线圈得电，此时KM2动合触点闭合实现自锁、KM2动断触点断开实现对KM1的联锁、KM2主触点闭合，电动机M启动连续反转。

【注意：正转与反转切换时不需要经过停止这一环节】

(4) 停止或过载。

当按下停止按钮 SB3 时，不论是正转还是反转，电动机均立即停止；当电动机发生过热或过载时，热继电器 FR 动作，电动机立即停止。

> 想一想：电动机接触器、按钮双重联锁正反转控制电路与电动机接触器联锁正反转控制电路区别有哪些？作用是什么？

3. 电路的安装与调试

（1）实训设备和器件选用。

实训设备：天煌维修电工技能实训考核装置（THWD-1C 型）。

电气元件：刀开关或断路器、熔断器、交流接触器热继电器、按钮、三相异步电动机，检查电气元件有无损坏、触头接触是否良好。

（2）熟悉接触器联锁正反转控制电路的工作原理，按规定在原理图中标注线号。

①主电路标号。

主电路标号由大写字母 U、V、W 及两位数字标号组成，用来区分电路不同的线段。如图 3-4 所示，三相电源开关后的三相交流主电路接点分别标注 U11、V11、W11，熔断器 FU1 后边接点标注 U12、V12、W12，接触器主触点 KM 后边接点标注 U13、V13、W13，标注代号数字依次增大。两位数字中的第一位代表主电路的第一个分支，第二位代表每一个分支的第几个节点。热继电器下方（电动机）用 U、V、W 标注。

②控制电路标号。

控制电路标号由数字组成，交流控制电路标号一般是把电气元件的线圈作为分界点，左侧（或上侧）用 1、2、3、4、5、6、7 顺次编号，右侧（或下侧）为 0。

（3）画出电气元件布置图，如图 3-5 所示。

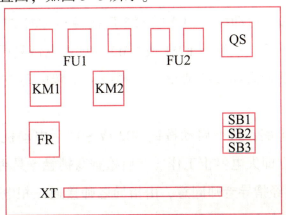

图 3-5　接触器、按钮联锁正反转控制电器布置图

（4）对照安装接线图（图3-6）接线。

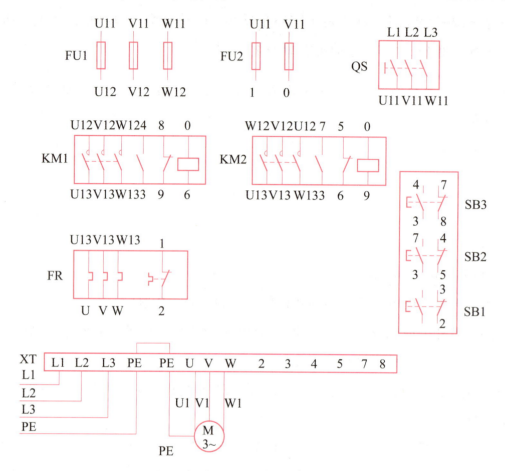

图3-6 接触器、按钮双重联锁控制电路接线设计

（5）检查线路。

对照原理图、接线图检查接线，自检完成后请实习指导教师检查。

（6）通电前的准备工作。

①安装电动机：做到安装牢固平稳，以防止在换向时产生滚动而引起事故；

②连接电动机和按钮金属外壳的保护接地线；

③连接电源、电动机等控制板外部的接线。

（7）通电试车。

①只接通控制电路，按下启动按钮SB2或SB3后接触器KM1或KM2应立即工作并保持连续得电；按下停止按钮SB1后，接触器KM1或KM2立即失电恢复原位。然后检查联锁触点是否起作用，正转后再按下反转启动按钮或反转后再按下正转启动按钮，看电路工作状态是否有变化。

②接通主电路、控制电路，按下启动按钮SB2或SB3后电动机应该连续工作；按下停止按钮SB1后，电动机应该立即失电停止工作。然后检查联锁触点是否起作用。

【注意：通电时，必须经指导老师同意，由指导老师接通三相电源，并在现场监护。出现故障后，学生应独立进行检修】

③通电试车完毕，停转，切断电源。先拆除三相电源线，再拆除电动机线。

> 想一想：电动机接触器、按钮双重联锁正反转控制电路与电动机接触器联锁正反转控制电路在实现电动机转向改变时操作的区别。

三、两台电动机顺序启动、逆序停止控制电路

1. 电路的工作原理（图3-7）

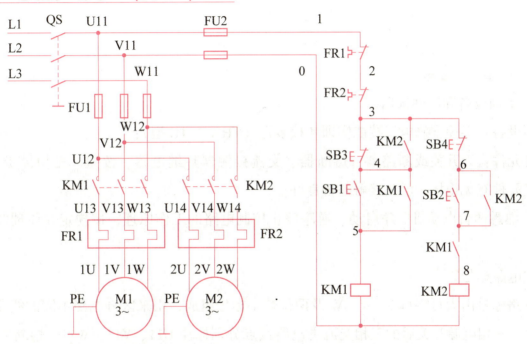

图3-7 两台电动机顺序启动、逆序停止控制电路

2. 两台电动机顺序启动、逆序停止控制电路的工作原理

1）第一台电动机的启动

合上电源开关QS，按下启动按钮SB1，KM1的线圈通电动作，其常开触头闭合自锁、另一个常开触头接通，KM2线圈才能通电（实现顺序控制），同时主触头闭合，主电路按照1U、1V、1W相序接通，第一台电动机接通正转。

2）第二台电动机的启动

在第一台电动机启动的前提下，按下启动按钮SB2，KM2的线圈通电动作，其常开触头闭合自锁，主电路按2U、2V、2W相序接通，第二台电动机接通正转。

3）第二台电动机的停止

按下第二台电动机的停止按钮SB4，KM2的线圈失电，其常开触头断开解除自锁，主电路

按 2U、2V、2W 相序断开，第二台电动机停止正转。

4）第一台电动机的停止

在第二台电动机停止的前提下，按下第一台电动机的停止按钮 SB3，KM1 的线圈失电，其常开触头断开解除自锁，主电路按 1U、1V、1W 相序断开，第一台电动机停止正转。

【注意：第一台电动机必须在第二台电动机停止后，按停止按钮才起作用】

> 想一想：两台电动机可实现顺序启动和逆序停止的关键在哪里？

3. 电路的安装与调试

（1）实训设备和器件选用。

实训设备：天煌维修电工技能实训考核装置（THWD-1C 型）；

电气元件：刀开关或断路器、熔断器、交流接触器热继电器、按钮、三相异步电动机，检查电气元件有无损坏、触头接触是否良好。

（2）熟悉两台电动机顺序启动、逆序停止控制电路的工作原理，按规定在原理图中标注线号。

①主电路标号。

主电路标号由大写字母 U、V、W 及两位数字标号组成，用来区分电路不同的线段。如图 3-7 所示，三相电源开关后的三相交流主电路接点分别标注 U11、V11、W11，熔断器 FU1 后边接点标注 U12、V12、W12，接触器主触点 KM1 后边接点标注 U13、V13、W13，接触器主触点 KM2 后边接点标注 U14、V14、W14，标注代号数字依次增大。两位数字中的第一位代表主电路的第一个分支，第二位代表每一个分支的第几个节点。热继电器下方分别用 1U、1V、1W，2U、2V、2W 标注线号。

②控制电路标号。

控制电路标号由数字组成，交流控制电路标号一般是把电气元件的线圈作为分界点，左侧（或上侧）用 1、2、3、4、5、6、7 顺次编号，右侧（或下侧）为 0。

（3）画出电气元件布置图，如图 3-8 所示。

（4）根据电气元件布置图和原理图设计、绘制安装接线图。

（5）检查线路。

①对照原理图、接线图检查接线，自检完成后请实习指导教师检查。

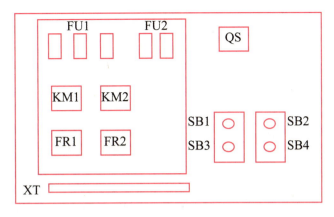

图 3-8　两台电动机顺序启动、逆序停止控制电路布置图

②使用万用表欧姆挡检查控制电路：把万用表两表笔跨接在 FU2 两端，按下启动按钮 SB1，看电路能否接通，万用表显示 KM1 线圈电阻；同时按下启动按钮 SB2 与 KM1 常开触点，万用表显示 KM1 与 KM2 线圈电阻的并联阻值；采用相同的办法完成两个停止按钮的检测。

③断开控制电路后，使用万用表欧姆挡检查主电路。

（6）通电前的准备工作。

①安装电动机：做到安装牢固平稳，以防止在换向时产生滚动而引起事故；

②连接电动机和按钮金属外壳的保护接地线；

③连接电源、电动机等控制板外部的接线。

（7）通电试车。

①只接通控制电路，先按下启动按钮 SB1，接触器 KM1 应立即工作并保持连续得电，再按下启动按钮 SB2，接触器 KM2 也立即工作并保持连续得电；停止时先按下停止按钮 SB4，接触器 KM2 立即失电恢复原位，再按下停止按钮 SB3，接触器 KM1 立即失电恢复原位。

②接通主电路、控制电路，依次按下启动按钮 SB1 和 SB2 电动机顺序启动；按顺序按下停止按钮 SB4、SB3 后，电动机 M2 应该先停止，M1 再停止。

【注意：通电时，必须经指导老师同意，由指导老师接通三相电源，并在现场监护。出现故障后，学生应独立进行检修】

③通电试车完毕，停转，切断电源；先拆除三相电源线，再拆除电动机线。

试一试：根据所学习电动机控制电路的原理，试着谈一谈电动机控制作用是依靠哪些来实现的？

技能训练

任务一　接触器联锁正反转控制电路

一、任务描述

设计一个自动门开门与关门电路。要求：按下开门按钮SB1，KM1得电，大门处于开门状态；按下关门按钮SB2，KM2得电，大门处于关门状态；按下停止按钮SB3，大门处于停止状态；要有接触器联锁保护。完成电动机接触器联锁正反转控制线路图的绘制、元件选用、线槽与元件安装、接线、故障检测与通电调试。

通过电动机控制电路的教学，能够培养学生安全用电的意识和行为习惯；培养学生收集和处理信息的能力；鼓励学生大胆提出自己的新观点、新方法、新思路，激发他们探究与创新的欲望。

二、收集信息

（1）上网搜查有关电动机接触器联锁正反转控制电路常用的电气元件。

（2）根据教材，绘制电动机接触器联锁正反转控制电路的原理图。

（3）上网搜查有关电动机接触器联锁正反转控制电路的应用实例，以加强对电动机正反转运行控制电路的认识。

（4）根据教材，掌握电动机接触器联锁正反转控制电路的工作原理。

（5）查阅资料，结合实践，掌握电动机接触器联锁正反转控制电路的安装设计。

三、制定任务实施方案

分组查阅教材和相关资料，学习电动机接触器联锁正反转控制电路的工作原理与电路结构，能够通过学习切实掌握电动机接触器联锁正反转控制电路的各种电气元件的结构与作用。具体的任务实施方案如下：

1. 任务分工

根据任务描述的分析和获取的信息，将任务分解，分派任务填入表3-1中。

表 3-1　任务分工

组别	姓名	分配的任务

2. 任务准备

根据任务需要准备所需的工具、器材等填入表 3-2 中。

表 3-2　工具、器材

序号	名称	规格或型号	单位	数量	备注
1					
2					
3					
4					
5					
6					
7					

电工实训室中可提供以下实训设备、材料等：

（1）实训设备：天煌维修电工技能实训考核装置（THWD-1C 型）。

（2）电工工具与仪器仪表：数字式万用表、螺丝刀、钢丝钳、剥线钳、电工刀。

（3）实训材料：刀开关或断路器、热继电器、熔断器、交流接触器、按钮、端子板、三相异步电动机、线槽、导线。

3. 任务实施步骤

（1）掌握电动机接触器联锁正反转控制电路的基本概念。

（2）掌握电动机接触器联锁正反转控制电路的电气元件。

（3）明确电动机接触器联锁正反转控制电路的控制要求。

（4）绘制电动机接触器联锁正反转控制电路的电路图。

（5）设计电动机接触器联锁正反转控制电路的安装图。

（6）设计电动机接触器联锁正反转控制电路的接线图。

（7）依据安装图和接线图进行安装与接线。

（8）学会检查电路，并进行通电调试。

四、任务实施

查阅教材和相关资料,参照任务实施方案完成"电动机接触器联锁正反转控制电路"的相关任务,把下列相应内容填写完整。

Step1:绘制电动机接触器联锁正反转控制电路图。

Step2:分析电动机接触器联锁正反转控制电路的工作原理,分组讨论工作原理。

Step3:设计电动机接触器联锁正反转控制电路电气元件安装图。

元器件列表:

Step4:设计电动机接触器联锁正反转控制电路实物接线图。

在 Step3 中,完成电路的实物接线图。

Step5:依据安装图进行电气元件的安装,要求安装美观、牢固,符合要求。

Step6:依据实物接线图进行电路的接线,要求接线布局美观、接点牢固,符合要求。

Step7:完成电路的故障检测,通电调试。

五、评价总结

学习任务评价如表 3-3 所示，任务完成情况汇总如表 3-4 所示。

表 3-3　学习任务评价表

班级：　　　　小组：　　　　学号：　　　　姓名：

内容	主要测评项目	学生自评			
		A	B	C	D
关键能力总结	1. 遵守纪律，遵守学习场所管理规定，服从安排				
	2. 具有安全意识、责任意识、6S 管理意识，注重节能环保				
	3. 学习态度积极主动，能按时参加安排的实习活动				
	4. 具有团队合作意识、注重沟通、能自主学习及相互协作				
	5. 仪容仪表符合学习活动要求				
专业知识和能力总结	1. 掌握电动机接触器联锁正反转控制电路的工作原理				
	2. 学会设计电动机接触器联锁正反转控制电路图				
	3. 学会设计电动机接触器联锁正反转控制安装图				
	4. 掌握接触器联锁正反转控制电路的安装与调试				
个人自评总结和建议						
小组评价						
教师评价		总评成绩				

表 3-4　任务完成情况汇总

班级：　　　　　　小组：　　　　　　学号：　　　　　　姓名：

Step	完成情况	未完成原因
1		
2		
3		
4		
5		
6		
7		
8		
9		
10		

六、知识拓展

（1）通过观察生活，说明家用车库门电路所用的电气元件，并且指出在电路中的作用。

（2）生活会给我们出很多难题，需要我们用自己的智慧来解决生活中的实际困难。请同学自己设计车库门控制电路图，并进行车库门电路的元件选用与检测。

（3）学生分组进行车库门电路的安装，在要求范围内灵活施工，操作完毕由小组长检验后方可通电，完工后小组内进行评价，并选出最好的一个作品，全班交流。老师巡回指导，对发现问题及时提示，重点问题全班纠正。

任务二　接触器、按钮双重联锁正反转控制电路

一、任务描述

设计一个自动门开门与关门电路。要求：按下开门按钮 SB1，KM1 得电，大门处于开门状态；按下关门按钮 SB2，KM2 得电，大门处于关门状态；按下停止按钮 SB3，大门处于停止状态；开门与关门可以自由切换，不用按停止按钮。完成电动机正反转控制线路图的绘制、元件选用、线槽与元件安装、接线、故障检测与通电调试。

通过电动机控制电路的教学，能够培养学生安全用电的意识和行为习惯；培养学生收集和处理信息的能力；鼓励学生大胆提出自己的新观点、新方法、新思路，激发他们探究与创

新的欲望。

二、收集信息

（1）上网搜查有关电动机接触器、按钮双重联锁正反转控制电路常用的电气元件。

（2）根据教材，绘制电动机接触器、按钮双重联锁正反转控制电路的原理图。

（3）上网搜查有关电动机接触器、按钮双重联锁正反转控制电路的应用实例，以加强对电动机正反转运行控制电路的认识。

（4）根据教材，掌握电动机接触器、按钮双重联锁正反转控制电路的工作原理。

（5）查阅资料，结合实践，掌握电动机接触器、按钮双重联锁正反转控制电路的安装设计。

（6）安全永远是我们铭记的准则。

三、制定任务实施方案

分组查阅教材和相关资料学习电动机接触器、按钮双重联锁正反转控制电路的工作原理与电路结构，能够通过学习切实掌握电动机接触器、按钮双重联锁正反转控制电路的各种电气元件的结构与作用。具体的任务实施方案如下：

1. 任务分工

根据任务描述的分析和获取的信息，将任务分解，分派任务填入表3-5中。

表3-5 任务分工

组别	姓名	分配的任务

2. 任务准备

根据任务需要准备所需的工具、器材等填入表3-6中。

表3-6 工具、器材

序号	名称	规格或型号	单位	数量	备注
1					
2					

续表

序号	名称	规格或型号	单位	数量	备注
3					
4					
5					
6					
7					

电工实训室中可提供以下实训设备、材料等：

（1）实训设备：天煌维修电工技能实训考核装置（THWD-1C 型）。

（2）电工工具与仪器仪表：数字式万用表、螺丝刀、钢丝钳、剥线钳、电工刀。

（3）实训材料：空气断路器、热继电器、交流接触器、按钮、端子板、三相异步电动机、线槽、导线。

3. 任务实施步骤

（1）掌握电动机接触器、按钮双重联锁正反转控制电路的基本概念。

（2）掌握电动机接触器、按钮双重联锁正反转控制电路的电气元件。

（3）明确电动机接触器、按钮双重联锁正反转控制电路的控制要求。

（4）绘制电动机接触器、按钮双重联锁正反转控制电路的电路图。

（5）设计电动机接触器、按钮双重联锁正反转控制电路的安装图。

（6）设计电动机接触器、按钮双重联锁正反转控制电路的接线图。

（7）依据安装图和接线图进行安装与接线。

（8）学会检查电路，并进行通电调试。

四、任务实施

查阅教材和相关资料，参照任务实施方案，完成"电动机接触器、按钮双重联锁正反转控制电路"的相关任务，把下列相应内容填写完整。

Step1：绘制电动机接触器、按钮联锁正反转控制电路电路图。

Step2：分析电动机接触器、按钮联锁正反转控制电路的工作原理，分组讨论工作原理。

Step3：设计电动机接触器、按钮联锁正反转控制电路电气元件安装图。

元器件列表：

Step4：设计电动机接触器、按钮联锁正反转控制电路实物接线图。

在 Step3 中，完成电路的实物接线图。

Step5：依据安装图进行电气元件的安装，要求安装美观、牢固，符合要求。

Step6：依据实物接线图进行电路的接线，要求接线布局美观、接点牢固，符合要求。

Step7：完成电路的故障检测，通电调试。

五、评价总结

学习任务评价如表 3-7 所示，任务完成情况汇总如表 3-8 所示。

表 3-7 学习任务评价

班级：　　　　　小组：　　　　　学号：　　　　　姓名：

内容	主要测评项目	学生自评			
		A	B	C	D
关键能力总结	1. 遵守纪律，遵守学习场所管理规定，服从安排				
	2. 具有安全意识、责任意识、6S 管理意识，注重节能环保				
	3. 学习态度积极主动、能按时参加安排的实习活动				
	4. 具有团队合作意识、注重沟通、能自主学习及相互协作				
	5. 仪容仪表符合学习活动要求				
专业知识和能力总结	1. 掌握电动机双重联锁正反转控制电路的工作原理				
	2. 学会设计电动机双重联锁正反转控制电路图				
	3. 学会设计电动机双重联锁正反转控制安装图				
	4. 掌握电动机双重联锁正反转控制电路的安装与调试				
个人自评总结和建议					
小组评价					
教师评价		总评成绩			

表 3-8 任务完成情况汇总

班级：　　　　　小组：　　　　　学号：　　　　　姓名：

Step	完成情况	未完成原因
1		
2		
3		
4		

续表

Step	完成情况	未完成原因
5		
6		
7		
8		
9		
10		

六、知识拓展

（1）通过观察生活，说明学校电动门里包含的电动机所用的电气元件，并且指出在电路中的作用。

（2）生活会给我们出很多难题，需要我们用自己的智慧来解决生活中的实际困难。请同学们为学校电动门设计电路图，并进行电动门电路检测。

（3）学生分组进行电动门电路的组装，在要求范围内灵活施工，操作完毕由小组长检验后方可通电；完工后小组内进行评价，并选出最好的一个作品，全班交流。老师巡回指导，对发现问题及时提示，重点问题全班纠正。

任务三　电动机顺序控制电路

一、任务描述

设计一个两级传送带系统，由传动电动机 M1、M2 构成，启动时 M1 工作后 M2 才可以工作，停止时 M2 先停止 M1 后停止。完成两台电动机的顺序启动、逆序停止控制线路图的绘制、元件选用、线槽与元件安装、接线、故障检测与通电调试。

通过电动机控制电路的教学，能够培养学生安全用电的意识和行为习惯；培养学生收集和处理信息的能力；鼓励学生大胆提出自己的新观点、新方法、新思路，激发他们探究与创新的欲望。

二、收集信息

（1）上网搜查有关电动机顺序控制常用的电气元件。

（2）根据教材，绘制电动机顺序启动、逆序停止控制电路的原理图。

(3) 上网搜查有关电动机顺序启动、逆序停止控制电路的应用实例,以加强对电动机顺序启动、逆序停止控制电路的认识。

(4) 根据教材,掌握电动机顺序启动、逆序停止控制电路的工作原理。

(5) 查阅资料,结合实践,掌握电动机顺序启动、逆序停止控制电路的安装设计。

(6) 安全永远是我们铭记的准则。

三、制定任务实施方案

分组查阅教材和相关资料,学习电动机顺序启动、逆序停止控制电路的工作原理与电路结构,能够通过学习,切实掌握电动机顺序启动、逆序停止控制电路的各种电气元件的结构与作用。具体的任务实施方案如下:

1. 任务分工

根据任务描述的分析和获取的信息,将任务分解,分派任务填入表3-9中。

表3-9 任务分工

组别	姓名	分配的任务

2. 任务准备

根据任务需要准备所需的工具、器材等填入表3-10中。

表3-10 工具、器材

序号	名称	规格或型号	单位	数量	备注
1					
2					
3					
4					
5					
6					
7					

电工实训室中可提供以下实训设备、材料等:

(1) 实训设备：天煌维修电工技能实训考核装置（THWD-1C型）。

(2) 电工工具与仪器仪表：数字式万用表、螺丝刀、钢丝钳、剥线钳、电工刀。

(3) 实训材料：刀开关或断路器、热继电器、熔断器、交流接触器、按钮、端子板、三相异步电动机、线槽、导线。

3. 任务实施步骤

(1) 掌握电动机顺序启动、逆序停止控制电路的基本概念。

(2) 掌握电动机顺序启动、逆序停止控制电路的电气元件。

(3) 明确电动机顺序启动、逆序停止控制电路的控制要求。

(4) 绘制电动机顺序启动、逆序停止控制电路的电路图。

(5) 设计电动机顺序启动、逆序停止控制电路的安装图。

(6) 设计电动机顺序启动、逆序停止控制电路的接线图。

(7) 依据安装图和接线图进行安装与接线。

(8) 学会检查电路，并进行通电调试。

四、任务实施

查阅教材和相关资料，参照任务实施方案，完成"电动机顺序启动、逆序停止控制电路"的相关任务，把下列相应内容填写完整。

Step1：绘制电动机顺序启动、逆序停止控制电路的电路图。

Step2：分析电动机顺序启动、逆序停止控制电路的工作原理。

Step3：设计电动机顺序启动、逆序停止控制电路的电气元件安装图。

元器件列表：

Step4：设计电动机顺序启动、逆序停止控制电路的实物接线图。

在 Step3 中，完成电路的实物接线图。

Step5：依据安装图进行电气元件的安装，要求安装美观、牢固，符合要求。

Step6：依据实物接线图进行电路的接线，要求接线布局美观、接点牢固，符合要求。

Step7：完成电路的故障检测，通电调试。

五、评价总结

学习任务评价如表 3-11 所示，任务完成情况汇总如表 3-12 所示。

表 3-11　学习任务评价

班级：　　　　小组：　　　　学号：　　　　姓名：

内容	主要测评项目	学生自评			
		A	B	C	D
关键能力总结	1. 遵守纪律，遵守学习场所管理规定，服从安排				
	2. 具有安全意识、责任意识、6S 管理意识，注重节能环保				
	3. 学习态度积极主动，能按时参加安排的实习活动				
	4. 具有团队合作意识、注重沟通，能自主学习及相互协作				
	5. 仪容仪表符合学习活动要求				

续表

内容	主要测评项目	学生自评			
		A	B	C	D
专业知识和能力总结	1. 掌握电动机顺序启动、逆序停止控制电路的工作原理				
	2. 学会绘制电动机顺序启动、逆序停止控制电路图				
	3. 会对电动机顺序启动、逆序停止控制电路设计安装图				
	4. 掌握电动机顺序启动、逆序停止控制电路的安装与调试				
个人自评总结和建议					
小组评价					
教师评价		总评成绩			

表3-12 任务完成情况汇总

班级：　　　　小组：　　　　学号：　　　　姓名：

Step	完成情况	未完成原因
1		
2		
3		
4		
5		
6		
7		
8		
9		
10		

六、知识拓展

（1）通过观察生活，说明三级传送带电路包含的电气元件，并且指出在电路中的作用。

（2）生活会给我们出很多难题，需要我们用自己的智慧来解决生活中的实际困难。请同学自己设计一个三级传送带顺序启动控制电路，并说明工作原理。

（3）学生分组进行三级传送带顺序启动控制电路的组装，在要求范围内灵活操作，操作完毕由小组长检验后方可通电，完工后小组内进行评价，并选出最好的一个作品，全班交流。老师巡回指导，对发现问题及时提示，集体问题全班纠正。

模块四

三相异步电动机自动往返与 Y-△ 降压启动控制

 模块描述　　　　　　　　　　　　　　　　　举一反三，学以致用。

在实际生产中，生产机械的自动往返控制可以在很大程度上提高生产效率，对于电动机正反转控制电路只需要加入一种新的低压电器——行程开关，就可以实现电动机控制部件的往返自行切换。

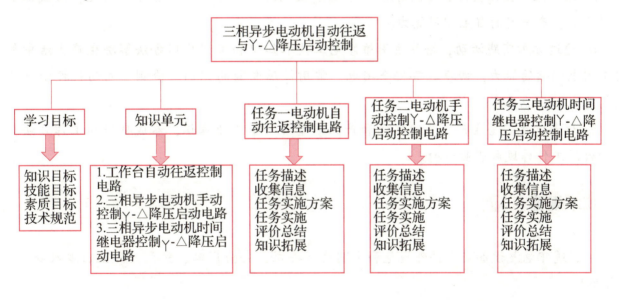

 学习目标

知识目标

1. 掌握电动机自动往返控制电路及工作原理。
2. 掌握电动机手动控制 Y-△ 降压启动电路及工作原理。
3. 掌握电动机时间继电器控制 Y-△ 降压启动控制电路及工作原理。

4. 掌握电动机自动往返控制电路，手动控制、时间继电器控制Y-△降压启动控制电路的电路图、安装图、接线图的设计。

5. 掌握电动机自动往返控制电路，手动控制、时间继电器控制Y-△降压启动控制电路的安装、故障检测、通电调试。

技能目标

1. 熟练掌握电动机自动往返控制与Y-△降压启动控制电路的工作原理。

2. 依据电路要求完成电路元件的选用、质量检测。

3. 完成电动机自动往返控制电路的安装、故障检测与通电调试。

4. 完成电动机手动控制Y-△降压启动电路的安装、故障检测与通电调试。

5. 完成电动机时间继电器控制Y-△降压启动电路的安装、故障检测与通电调试。

素质目标

1. 通过搜查电动机自动往返控制与Y-△降压启动控制电路的相关资料，培养学生查找资料、文献等信息的能力。

2. 通过实训室技能实践培养学生良好的操作规范，养成安全操作的职业素养。

3. 通过合作探究，培养良好的人际交流能力、分工协作的团队合作精神。

4. 让学生了解国内外生产状况，培养学生社会责任感。

5. 结合生产生活实际，了解维修电工基本技能的认知方法，培养学习兴趣，形成正确的学习方法，有一定的自主学习能力。

6. 通过参加实践活动，培养运用维修电工技术知识和工程应用方法解决生产生活中相关安全用电问题的能力，初步具备安全用电，常用低压电器的识别、检测，电动机控制电路安装的基本职业能力。

7. 培养学生安全生产、节能环保和产品质量第一等职业意识，养成良好的工作方法、严谨细致的工作作风和职业道德。

技术规范

1. 遵守电气设备安全操作规范和文明生产要求，安全用电、防火，防止出现人身、设备事故。

2. 正确穿着佩戴个人防护用品，包括工作服、电工绝缘鞋、安全帽、各类绝缘手套等。

3. 正确使用电工工具与设备，工具摆放整齐。

4. 根据电动机控制电路的安装调试要求，以及线路的电气工艺操作要求进行电路安装，防止出现线路故障及电气元器件损坏。

5. 考核过程中应保持设备及工作台的清洁，保证工作场地整洁；严格按照实训室6S标准规范操作。

技能标准

序号	作业内容	操作标准
1	安全防护	（1）正确穿着佩戴个人防护用品，包括工作服、工作鞋、工作帽等
		（2）正确选择常用的电工工具与仪器仪表
2	电动机自动往返控制电路的安装与调试	（1）能够正确选用、检测低压电器
		（2）掌握电动机自动往返控制电路的工作原理
		（3）熟练掌握电动机自动往返控制电路的原理图
		（4）完成电动机自动往返控制电路的安装与接线
		（5）独立完成电动机自动往返控制电路的故障检测与排除，并进行通电调试
3	电动机Y-△降压启动制电路的安装与调试	（1）能够正确选用、检测低压电器
		（2）掌握电动机Y-△降压启动控制电路的工作原理
		（3）熟练掌握电动机Y-△降压启动控制电路的原理图
		（4）完成电动机Y-△降压启动控制电路的安装与接线
		（5）独立完成电动机Y-△降压启动控制电路的故障检测与排除，并进行通电调试

知识单元

三相异步电动机自动往返与Y-△降压启动控制 学思并重

一、工作台自动往返控制电路

1. 工作台自动往返行程控制电气原理（图4-1）

2. 工作台自动往返行程控制的工作原理

（1）首先合上电源开关QS。

（2）按下按钮SB1，接触器KM1线圈得电，其常开触头闭合自锁、常闭触头断开使KM2线圈不能通电（实现互锁），同时主触头闭合，主电路按U、V、W相序接通，电动机正转带动工作台向右移动。

（3）当工作台运行至挡块SQ1处时，SQ1动断触点断开，使KM1线圈断电，电动机停止正转，工作台右移停止；SQ1动合触点闭合，使KM2线圈得电，主电路按U、V、W相序接通，电动机反转，工作台开始左移。

(4) 当工作台运行至挡块 SQ2 处时，SQ2 动断触点断开，使 KM2 线圈断电，电动机停止反转，工作台左移停止；SQ2 动合触点闭合，使 KM1 线圈得电，电动机正转，工作台又开始右移，以后工作台在 SQ1 与 SQ2 之间往返循环。若行程开关 SQ1 与 SQ2 发生故障，工作台无法实现自动往返，它会越过 SQ1 或 SQ2，利用极限限位开关 SQ3 与 SQ4 实现终端保护，让工作台停留在 SQ3 或 SQ4 处，防止工作台冲出滑台造成事故。

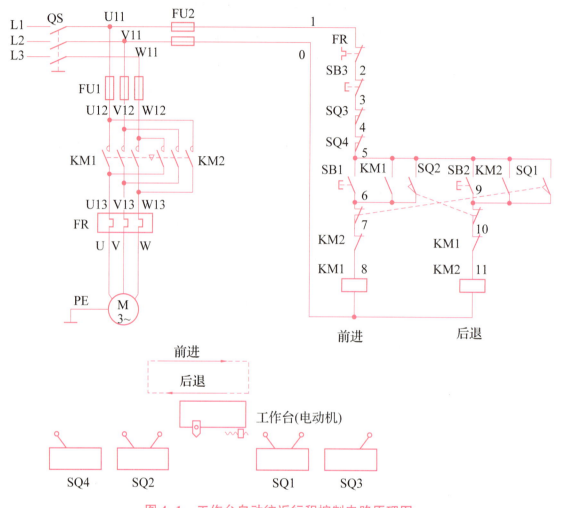

图 4-1　工作台自动往返行程控制电路原理图

(5) 按下停止按钮 SB3，电动机立即停止运行。

想一想：可支持工作台实现自动往返的主要低压电器是哪个？它的机械机构有什么特殊？

3. 电路的安装与调试

(1) 实训设备和器件选用。

实训设备：天煌维修电工技能实训考核装置（THWD-1C 型）；

电气元件：刀开关或断路器、熔断器、交流接触器、热继电器、按钮、行程开关、三相异步电动机，检查电气元件有无损坏、触头接触是否良好。

（2）熟悉自动往返控制电路的工作原理，按规定在原理图中标注线号。

（3）画出电气元件布置图，如图4-2所示。

（4）工作台自动往返行程控制的接线图设计，如图4-3所示。

（5）按照图4-2在网孔板上固定电气元件。

（6）对照图4-3进行接线。

（7）检查线路。

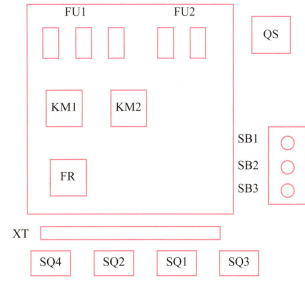

图4-2 工作台自动往返控制电路布置图

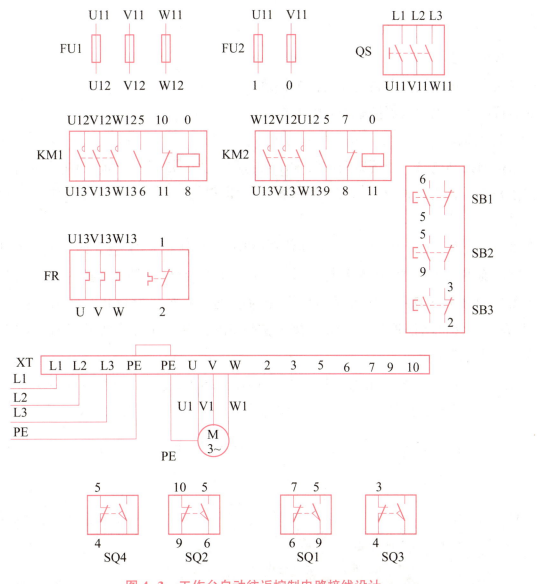

图4-3 工作台自动往返控制电路接线设计

①对照原理图、接线图检查接线，自检完成后请实习指导教师检查。

②使用万用表欧姆挡检查控制电路：把万用表两表笔跨接在 FU2 两端，按下启动按钮 SB1 或 SQ2 或 KM1 按键，万用表显示接触器 KM1 的电阻值，电路接线正确；按下启动按钮 SB2 或 SQ1 或接触器 KM2 按键，万用表显示接触器 KM2 的电阻值，电路接线正确；按下 SB1 或 SB2 的同时再按下停止按钮 SB3 看能否断开电路，若电路断开说明电路能正常停止，线路正确。

③断开控制电路后，使用万用表欧姆挡检查主电路。

> 想一想：利用万用表欧姆挡测量电路能否接通时，测得的阻值会有几种结果？

（8）通电前的准备工作。

①安装电动机；

②连接电动机和按钮金属外壳的保护接地线；

③连接电源、电动机等控制板外部的接线。

（9）通电试车。

①只接通控制电路，按下启动按钮 SB1 或行程开关 SQ2 后接触器 KM1 会立即得电，按下启动按钮 SB2 或行程开关 SQ1 后接触器 KM2 会立即得电，按下停止按钮 SB3，KM1 或 KM2 线圈会失电。

②接通主电路、控制电路，按下启动按钮 SB1 后接触器 KM1 会立即得电，电动机开始正转，工作台前进，前进过程中碰到行程开关 SQ1，工作台会立即停止前进并开始后退，后退过程中碰到行程开关 SQ2，工作台又由后退变为前进，依次往返行程；然后再按下启动按钮 SB2，观察工作台自动往返情况；最后按下按钮 SB3，观察工作台停止情况；按下停止按钮 SB3 后，电动机停止转动。

【注意：通电时，必须经指导老师同意，由指导老师接通三相电源，并在现场监护】

③通电试车完毕，停转，切断电源；先拆除三相电源线，再拆除电动机线。

> 试一试：在电动机启动后，试着强制令行程开关动作，观察电动机的转向变化。

二、三相异步电动机手动控制Y-△降压启动电路

1. 电动机手动控制Y-△降压启动控制电路原理（图4-4）

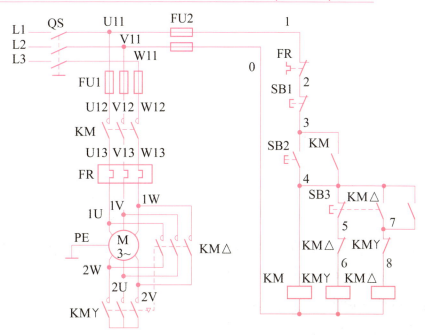

图4-4　电动机手动控制Y-△降压启动控制电路原理图

2. 电动机手动控制Y-△降压启动控制电路工作原理分析

（1）合上总开关QS。

（2）按下按钮SB2，交流接触器KM与KMY线圈同时得电，电动机接成Y形启动运行。

（3）按下按钮SB3，交流接触器KM△线圈得电，电动机接成△形全压运行。

（4）交流接触器KMY与KM△之间必须要有联锁保护，二者不能同时得电。

（5）按下停止按钮SB1，交流接触器线圈失电，电动机停止转动。

（6）当电动机发生过载时，热继电器FR动作，交流接触器线圈失电，电动机停止转动。

　　试一试：控制电路中交流接触器KM的作用。

3. 电路的安装与调试

（1）实训设备和器件选用。

实训设备：天煌维修电工技能实训考核装置（THWD-1C型）。

电气元件：刀开关或断路器、熔断器、交流接触器、热继电器、按钮、三相异步电动机，检查电气元件有无损坏、触头接触是否良好。

（2）熟悉手动控制Y-△降压启动控制电路的工作原理，按规定在原理图中标注线号。

（3）画出电气元件布置图，如图4-5所示。

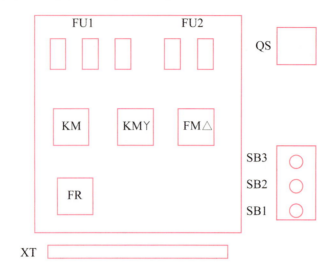

图4-5　电动机手动控制Y-△降压启动控制电气元件布置图

（4）熟悉电动机手动控制Y-△降压启动控制电路原理图，完成电路的接线图设计。

（5）按照图4-5在网孔板上固定电气元件。

（6）按照自己设计的接线图进行接线。

（7）检查线路。

①对照原理图、接线图检查接线，自检完成后请实习指导教师检查。

②使用万用表欧姆挡检查控制电路：把万用表两表笔跨接在FU2两端，按下启动按钮SB2，看电路能否接通，所测数值是否等于KM与KMY的并联电阻；同时按下按钮SB2和SB3看电路能否接通，所测数值是否等于KM与KM△的并联电阻，先按下按钮SB2再按下按钮SB1，看电路是否由接通状态变成断开状态。

③断开控制电路后，使用万用表欧姆挡检查主电路。

（8）通电前的准备工作。

①安装电动机；

②连接电动机和按钮金属外壳的保护接地线；

③连接电源、电动机等控制板外部的接线。

（9）通电试车。

①只接通控制电路，按下启动按钮SB2后接触器KM与KMY应立即工作并保持连续得电；按下停止按钮SB1后，接触器KM与KMY立即失电复位。

②只接通控制电路，同时按下按钮SB2和SB3后接触器KM与KM△应立即工作并保持连续得电；按下停止按钮SB1后，接触器KM与KM△立即失电复位。

③接通主电路、控制电路，按下启动按钮SB2后电动机应该接成Y形连续工作；同时按下按钮SB2和SB3后，电动机应该接成△形连续工作；按下停止按钮SB1或电动机过热时，电动机应该立即失电停止工作。

【注意：通电时，必须经指导老师同意，由指导老师接通三相电源，并在现场监护】

④通电试车完毕，停转，切断电源；先拆除三相电源线，再拆除电动机线。

动动脑：三相异步电动机Y-△降压启动的意义是什么？在什么条件下要采用Y-△降压启动？

三、三相异步电动机时间继电器控制Y-△降压启动电路

1. 电动机时间继电器控制Y-△降压启动电路控制原理（图4-6）

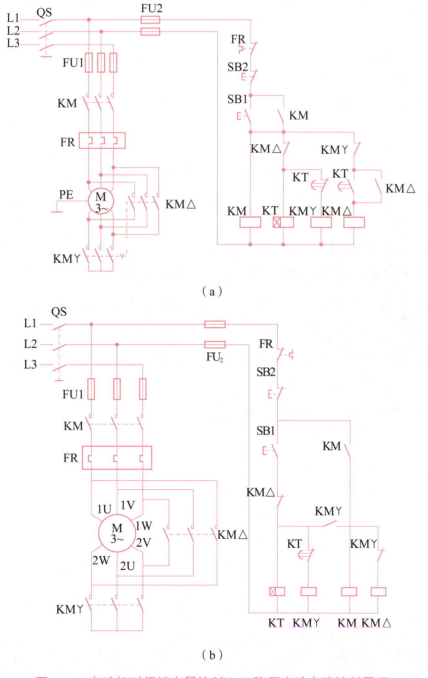

(a)

(b)

图4-6　电动机时间继电器控制Y-△降压启动电路控制原理

2. 电动机时间继电器控制丫-△降压启动控制电路工作原理分析

（1）合上总开关 QS。

（2）按下启动按钮 SB1，交流接触器 KM、KM丫与 KT 线圈同时得电，电动机接成丫形启动运行，此时定时器开始定时；

（3）当定时器达到设定值时，断开 KM丫接触器线圈，接通接触器 KM△线圈，电动机接成△形全压运行；

（4）交流接触器 KM丫与 KM△之间必须要有联锁保护，二者不能同时得电。

（5）按下停止按钮 SB2，交流接触器线圈与定时器线圈均失电，电动机停止转动。

（6）当电动机发生过载时，热继电器 FR 动作，交流接触器线圈与定时器线圈均失电，电动机停止转动。

【学生自主分析电动机时间继电器控制丫-△降压启动控制电路 4-6（b）的工作原理】

> 动动脑：比较用时间继电器控制丫-△降压启动电路与手动控制丫-△降压启动电路的区别。

3. 电路的安装与调试

（1）实训设备和器件选用。

实训设备：天煌维修电工技能实训考核装置（THWD-1C 型）；

电气元件：刀开关或断路器、熔断器、交流接触器、热继电器、时间继电器、按钮、三相异步电动机，并检查电气元件有无损坏、触头接触是否良好。

（2）熟悉时间继电器控制丫-△降压启动控制电路的工作原理，按规定在原理图 4-6 中标注线号。

（3）画出电气元件布置图，如图 4-7 所示。

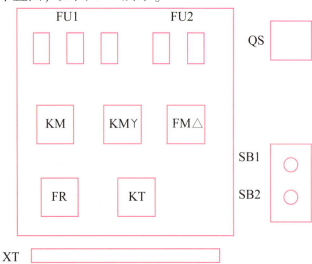

图 4-7　电动机时间继电器控制丫-△降压启动控制电气元件布置图

（4）熟悉时间继电器控制Y-△降压启动控制电路原理图4-6（a）、（b），完成两个电路的接线图设计。

（5）按照图4-7在网孔板上固定电气元件。

（6）分别对图4-6（a）、（b）进行电路接线设计，并按照设计好的接线图进行接线。

【注意：由于线路复杂，连接导线很多，为了能够快速掌握这个电路，接线时一定注意按顺序接线，弄清楚先接什么再接什么，抓住先后的规律】

（7）检查线路

①对照原理图、接线图检查接线，自检完成后请实习指导教师检查。

②使用万用表欧姆挡检查控制电路：把万用表两表笔跨接在FU2两端，按下启动按钮SB1，看电路能否接通，所测数值是否等于KM与KMY的并联电阻；按下按钮SB1和KM△接触器按键，看电路能否接通，所测数值是否等于KM与KM△的并联电阻；先按下按钮SB1再按下SB2，看电路是否由接通状态变成断开状态。

③断开控制电路后，使用万用表蜂鸣器挡检查主电路，检测时，重点检查Y形接触器与△接触器的线号标注是否正确。

（8）通电前的准备工作。

①安装电动机。

②连接电动机和按钮金属外壳的保护接地线。

③连接电源、电动机等控制板外部的接线。

（9）通电试车。

①只接通控制电路，按下启动按钮SB1后接触器KM与KMY应立即工作并保持连续得电，定时器开始定时；当定时器达到设定值5 s时，KMY接触器线圈失电，接触器KM△线圈得电。

②按下停止按钮SB2后，接触器KM与KMY（或KM△）线圈、定时器KT线圈立即失电复位。

③接通主电路、控制电路，按下启动按钮SB1后电动机应该接成Y形连续工作，定时器KT定时；定时器达到设定值5 s时，KMY接触器线圈失电，接触器KM△线圈得电，电动机应该接成△形连续工作；按下停止按钮SB2或电动机过热时，电动机应该立即失电停止工作。

【注意：通电时，必须经指导老师同意，由指导老师接通三相电源，并在现场监护】

④通电试车完毕，停转，切断电源；先拆除三相电源线，再拆除电动机线。

想一想：电动机基本控制电路课程都已完成，对于电动机的控制你还有别的想法吗？

技能训练

任务一 电动机自动往返控制电路

一、任务描述

某工作台往返于 A、B 两处对工件进行加工，基本要求：按下正转启动按钮，工作台前进至 SQ2 处，碰到行程开关 SQ2 后工作台后退自动返回，到达 SQ1 处时工作台又开始前进，依次循环；按下停止按钮，工作台停止；按下反转启动按钮，工作台先后退再前进，依次循环。完成电动机正反转控制线路图的绘制、元件选用、线槽与元件安装、接线、故障检测与通电调试。

通过电动机控制电路的教学，能够培养学生安全用电的意识和行为习惯；培养学生收集和处理信息的能力；鼓励学生大胆提出自己的新观点、新方法、新思路，激发他们探究与创新的欲望。

二、收集信息

（1）上网搜查有关电动机自动往返运行控制常用的电气元件。
（2）根据教材，绘制电动机自动往返控制电路的原理图。
（3）上网搜查有关电动机自动往返控制电路的应用实例，以加强对电动机正反转运行控制电路的认识。
（4）根据教材，掌握电动机自动往返控制电路的工作原理。
（5）查阅资料，结合实践，掌握电动机自动往返控制电路的安装设计。
（6）安全永远是我们铭记的准则。

三、制定任务实施方案

分组查阅教材和相关资料，学习电动机自动往返控制电路的工作原理与电路结构，能够通过学习，切实掌握电动机自动往返控制电路的各种电气元件的结构与作用。

具体的任务实施方案如下：

1. 任务分工

根据任务描述的分析和获取的信息，将任务分解，分派任务填入表 4-1 中。

模块四 三相异步电动机自动往返与Y-△降压启动控制

表 4-1 任务分工

组别	姓名	分配的任务

2. 任务准备

根据任务需要准备所需的工具、器材等填入表 4-2 中。

表 4-2 工具、器材

序号	名称	规格或型号	单位	数量	备注
1					
2					
3					
4					
5					
6					
7					

电工实训室中可提供以下实训设备、材料等：

(1) 实训设备：天煌维修电工技能实训考核装置（THWD-1C 型）。

(2) 电工工具与仪器仪表：数字式万用表、螺丝刀、钢丝钳、剥线钳、电工刀。

(3) 实训材料：刀开关或断路器、热继电器、熔断器、交流接触器、按钮、端子板、三相异步电动机、线槽、导线。

3. 任务实施步骤

(1) 掌握电动机自动往返控制电路的基本概念。

(2) 掌握电动机自动往返控制电路的电气元件。

(3) 明确电动机自动往返控制电路的控制要求，会分析工作原理。

(4) 学会设计电动机自动往返控制电路图。

(5) 设计电动机自动往返控制电路的安装图。

(6) 设计电动机自动往返控制电路的实物接线图。

(7) 依据安装图和接线图进行安装与接线。

(8) 学会检查电路，并进行通电调试。

四、任务实施

查阅教材和相关资料，参照任务实施方案完成"电动机自动往返控制电路"的相关任务，把下列相应内容填写完整。

Step1：绘制电动机自动往返控制电路图。

Step2：分析电动机自动往返控制电路的工作原理。

Step3：设计电动机自动往返控制电路电气元件安装图。

元器件列表：

Step4：设计电动机自动往返控制电路实物接线图。

在 Step3 中，完成电路的实物接线图。

Step5：依据元件安装图进行电气元件的安装，要求安装美观、牢固，符合要求。

Step6：依据实物接线图进行电路的接线，要求接线布局美观、接点牢固，符合要求。

Step7：完成电路的故障检测，通电调试。

五、评价总结

学习任务评价如表 4-3 所示，任务完成情况汇总如表 4-4 所示。

表 4-3　学习任务评价

班级：　　　　　小组：　　　　　学号：　　　　　姓名：

内容	主要测评项目	学生自评			
		A	B	C	D
关键能力总结	1. 遵守纪律，遵守学习场所管理规定，服从安排				
	2. 具有安全意识、责任意识、6S 管理意识，注重节能环保				
	3. 学习态度积极主动，能按时参加安排的实习活动				
	4. 具有团队合作意识、注重沟通、能自主学习及相互协作				
	5. 仪容仪表符合学习活动要求				
专业知识和能力总结	1. 掌握电动机自动往返控制电路的工作原理				
	2. 学会设计电动机自动往返控制电路原理图				
	3. 会进行电路元件的选用与检测				
	4. 掌握电动机自动往返控制电路的安装与调试				
个人自评总结和建议					
小组评价					
教师评价		总评成绩			

表 4-4　任务完成情况汇总

班级：　　　　　小组：　　　　　学号：　　　　　姓名：

Step	完成情况	未完成原因
1		
2		
3		
4		
5		
6		
7		
8		
9		
10		

六、知识拓展

（1）通过观察生活，说明学校电动门自动往返电路里包含的电气元件，并且指出在电路中的作用。

（2）生活会给我们出很多难题，需要我们用自己的智慧来解决生活中的实际困难。请同学设计一个具有终端保护的自动往返电路，并进行电路的安装与接线设计。

（3）学生分组对以上设计电路进行安装与调试，在要求范围内灵活施工，操作完毕，由小组长检验后方可通电，完工后小组内进行评价，并选出最好的一个作品，全班交流。老师巡回指导，对发现问题及时提示，集体问题全班纠正。

任务二　电动机手动控制Y-△降压启动控制电路

一、任务描述

电动机的Y-△降压启动控制电路，是继电接触器控制系统为防止电动机直接启动，容易发生过电流烧毁电动机而设计的一种控制电路。现要求利用三个按钮、三个接触器实现电动机的Y-△降压启动，请完成电动机手动Y-△降压启动控制线路图的绘制、元件选用、线槽与元件安装、接线、故障检测与通电调试。

通过电动机控制电路的教学，能够培养学生安全用电的意识和行为习惯；培养学生收集和处理信息的能力；鼓励学生大胆提出自己的新观点、新方法、新思路，激发他们探究与创新的欲望。

二、收集信息

（1）上网搜查有关电动机手动控制Y-△降压启动控制电路常用的电气元件。

（2）根据教材，绘制电动机手动控制Y-△降压启动控制电路的原理图。

（3）上网搜查有关电动机手动控制Y-△降压启动控制电路的应用实例，以加强对电动机手动控制Y-△降压启动控制电路的认识。

（4）根据教材，掌握电动机手动控制Y-△降压启动控制电路的工作原理。

（5）查阅资料，结合实践，掌握电动机手动控制Y-△降压启动控制电路的安装设计。

（6）安全永远是我们铭记的准则。

三、制定任务实施方案

分组查阅教材和相关资料学习电动机手动控制Y-△降压启动控制电路的工作原理与电路结构，能够通过学习，切实掌握电动机手动控制Y-△降压启动控制电路的各种电气元件的结构与作用。

具体的任务实施方案如下：

1. 任务分工

根据任务描述的分析和获取的信息，将任务分解，分派任务填入表4-5中。

表4-5 任务分工

组别	姓名	分配的任务

2. 任务准备

根据任务需要准备所需的工具、器材等填入表4-6中。

表4-6 工具、器材

序号	名称	规格或型号	单位	数量	备注
1					

续表

序号	名称	规格或型号	单位	数量	备注
2					
3					
4					
5					
6					
7					

电工实训室中可提供以下实训设备、材料等：

（1）实训设备：天煌维修电工技能实训考核装置（THWD-1C 型）。

（2）电工工具与仪器仪表：数字式万用表、螺丝刀、钢丝钳、剥线钳、电工刀。

（3）实训材料：刀开关或断路器、热继电器、熔断器、交流接触器、按钮、端子板、三相异步电动机、线槽、导线。

3. 任务实施步骤

（1）掌握电动机手动控制Y-△降压启动控制电路的基本概念。

（2）掌握电动机手动控制Y-△降压启动控制电路的电气元件选用与检测。

（3）明确电动机手动控制Y-△降压启动控制电路要求，会分析工作原理。

（4）学会设计、绘制电动机手动控制Y-△降压启动控制的电路图。

（5）设计电动机手动控制Y-△降压启动控制电路的安装图。

（6）设计电动机手动控制Y-△降压启动控制电路的实物接线图。

（7）依据安装图和接线图进行安装与接线。

（8）学会检查电路，并进行通电调试。

四、任务实施

查阅教材和相关资料，参照任务实施方案，完成"电动机手动控制Y-△降压启动控制电路"的相关任务，把下列相应内容填写完整。

Step1：绘制电动机手动控制Y-△降压启动控制的电路图。

Step2：分析电动机手动控制Y-△降压启动控制电路的工作原理。

Step3：设计电动机手动控制Y-△降压启动控制电路电气元件安装图。

Step4：设计电动机手动控制Y-△降压启动控制电路实物接线图。
在 Step3 中，完成电路的实物接线图。
Step5：依据安装图进行电气元件的选用、检测与安装，要求安装美观、牢固，符合要求。
Step6：依据实物接线图进行电路的接线，要求接线布局美观、接点牢固，符合要求。
Step7：完成电路的故障检测，通电调试。

五、评价总结

学习任务评价如表 4-7 所示，任务完成情况汇总如表 4-8 所示。

表 4-7　学习任务评价

班级：　　　　　小组：　　　　　学号：　　　　　姓名：

内容	主要测评项目	学生自评			
		A	B	C	D
关键能力总结	1. 遵守纪律，遵守学习场所管理规定，服从安排				
	2. 具有安全意识、责任意识、6S 管理意识，注重节能环保				
	3. 学习态度积极主动，能按时参加安排的实习活动				
	4. 具有团队合作意识，注重沟通，能自主学习及相互协作				
	5. 仪容仪表符合学习活动要求				

续表

内容	主要测评项目	学生自评			
		A	B	C	D
专业知识和能力总结	1. 掌握电动机手动控制Y-△降压启动电路的工作原理				
	2. 学会设计手动控制Y-△降压启动电路原理图				
	3. 会进行电路元件的选用与检测				
	4. 掌握电动机手动控制Y-△降压启动电路的安装与调试任务				
个人自评总结和建议					
小组评价					
教师评价		总评成绩			

表 4-8 任务完成情况汇总

班级：　　　　　小组：　　　　　学号：　　　　　姓名：

Step	完成情况	未完成原因
1		
2		
3		
4		
5		
6		
7		
8		
9		
10		

六、知识拓展

（1）通过观察生活，说明工业生产中常用的Y-△降压启动控制电路的电气元件，并且指出在电路中的作用。

（2）生活会给我们出很多难题，需要我们用自己的智慧来解决生活中的实际困难。请同学设计一个用定时器控制的Y-△降压启动控制电路，并进行电路的安装与接线设计。

（3）学生分组对以上设计电路进行安装与调试，在要求范围内灵活施工，操作完毕由小组长检验后方可通电，完工后小组内进行评价，并选出最好的一个作品，全班交流。教师巡回指导，对发现问题及时提示，集体问题全班纠正。

任务三　电动机时间继电器控制Y-△降压启动控制电路

一、工作任务

电动机Y-△降压启动控制电路，是继电接触器控制系统为防止电动机直接启动，容易发生过电流烧毁电动机而设计的一种控制电路。现要求利用时间继电器、三个接触器实现电动机的Y-△降压启动，请完成电动机时间继电器Y-△降压启动控制线路图的绘制、元件选用、线槽与元件安装、接线、故障检测与通电调试。

通过电动机控制电路的教学，能够培养学生安全用电的意识和行为习惯；培养学生收集和处理信息的能力；鼓励学生大胆提出自己的新观点、新方法、新思路，激发他们探究与创新的欲望。

二、收集信息

（1）上网搜查有关电动机时间继电器控制Y-△降压启动控制电路常用的电气元件。

（2）根据教材，绘制电动机时间继电器控制Y-△降压启动控制电路的原理图。

（3）上网搜查有关电动机时间继电器控制Y-△降压启动控制电路的应用实例，以加强对电动机时间继电器控制Y-△降压启动控制电路的认识。

（4）根据教材，掌握电动机时间继电器控制Y-△降压启动控制电路的工作原理。

（5）查阅资料，结合实践，掌握电动机时间继电器控制Y-△降压启动控制电路的安装设计。

（6）安全永远是我们铭记的准则。

三、制定任务实施方案

分组查阅教材和相关资料学习电动机时间继电器控制Y-△降压启动控制电路的工作原理与电路结构，能够通过学习切实掌握电动机时间继电器控制Y-△降压启动控制电路的各种电气元件的结构与作用。

具体的任务实施方案如下：

1. 任务分工

根据任务描述的分析和获取的信息，将任务分解，分派任务填入表4-9中。

表4-9 任务分工

组别	姓名	分配的任务

2. 任务准备

根据任务需要准备所需的工具、器材等填入表4-10中。

表4-10 工具、器材

序号	名称	规格或型号	单位	数量	备注
1					
2					
3					
4					
5					
6					
7					

电工实训室中可提供以下实训设备、材料等：

(1) 实训设备：天煌维修电工技能实训考核装置（THWD-1C型）。

(2) 电工工具与仪器仪表：数字式万用表、螺丝刀、钢丝钳、剥线钳、电工刀。

(3) 实训材料：刀开关或断路器、热继电器、熔断器、交流接触器、按钮、端子板、三相异步电动机、线槽、导线。

3. 任务实施步骤

(1) 掌握电动机时间继电器控制Y-△降压启动控制电路的基本概念。

(2) 掌握电动机时间继电器控制Y-△降压启动控制电路的电气元件选用与检测。

(3) 明确电动机时间继电器控制Y-△降压启动控制电路要求，会分析工作原理。

(4) 学会设计、绘制电动机时间继电器控制Y-△降压启动控制电路的电路图。

（5）设计电动机时间继电器控制Y-△降压启动控制电路的安装图。

（6）设计电动机时间继电器控制Y-△降压启动控制电路的实物接线图。

（7）依据安装图和接线图进行安装与接线。

（8）学会检查电路，并进行通电调试。

四、任务实施

查阅教材和相关资料，参照任务实施方案完成"电动机时间继电器控制Y-△降压启动控制电路"的相关任务，把下列相应内容填写完整。

Step1：绘制电动机时间继电器控制Y-△降压启动控制电路的电路图。

Step2：分析电动机时间继电器控制Y-△降压启动控制电路的工作原理。

Step3：设计电动机时间继电器控制Y-△降压启动控制电路电气元件安装图。

元器件列表：

Step4：设计电动机时间继电器控制Y-△降压启动控制电路实物接线图。

在 Step3 中，完成电路的实物接线图。

Step5：依据安装图进行电气元件的选用、检测与安装，要求安装美观、牢固，符合要求。

Step6：依据实物接线图进行电路的接线，要求接线布局美观、接点牢固，符合要求。

Step7：完成电路的故障检测，通电调试。

五、评价总结

学习任务评价如表4-11所示，任务完成情况汇总如表4-12所示。

表4-11 学习任务评价

班级：　　　　小组：　　　　学号：　　　　姓名：

内容	主要测评项目	学生自评			
		A	B	C	D
关键能力总结	1. 遵守纪律，遵守学习场所管理规定，服从安排				
	2. 具有安全意识、责任意识、6S管理意识，注重节能环保				
	3. 学习态度积极主动，能按时参加安排的实习活动				
	4. 具有团队合作意识，注重沟通，能自主学习及相互协作				
	5. 仪容仪表符合学习活动要求				
专业知识和能力总结	1. 掌握电动机时间继电器控制Y-△降压启动电路的工作原理				
	2. 学会设计时间继电器控制Y-△降压启动电路原理图				
	3. 会进行电路元件的选用与检测				
	4. 掌握电动机时间继电器控制Y-△降压启动电路的安装与调试任务				
个人自评总结和建议					
小组评价					

续表

教师评价		总评成绩

表 4-12 任务完成情况汇总

班级：　　　　　小组：　　　　　学号：　　　　　姓名：

Step	完成情况	未完成原因
1		
2		
3		
4		
5		
6		
7		
8		
9		
10		

六、知识拓展

（1）通过观察生活，举例说明工业生产中常用的Y-△降压启动控制电路的种类。

（2）生活会给我们出很多难题，需要我们用自己的智慧来解决生活中的实际困难。请同学上网搜索一个自耦变压器控制的Y-△降压启动控制电路，了解电路的工作原理。

（3）根据上网搜索的自耦变压器控制的Y-△降压启动控制电路，进行分组讨论工作原理，学会该电路图的绘制。

参 考 文 献

[1] 杜德昌. 电工电子技术与技能 [M]. 北京：高等教育出版社，2019.
[2] 葛云萍. 电动机拖动与电气控制 [M]. 北京：机械工业出版社，2018.
[3] 周绍敏. 电工技术基础与技能 [M]. 北京：高等教育出版社，2010.
[4] 孔祥奴，王彦昌. 电工实训指导书 [M]. 长春：吉林大学出版社，2014.